庞贝与古罗马建筑：
研究建筑学的珍贵资料

POMPEII AND THE ARCHITECTURE OF ANCIENT ROME:
THE PRECIOUS REFERENCE OF STUDYING
ARCHITECTURE

古代建筑名作解读

COMMENTARY OF ANCIENT
ARCHITECTURAL FAMOUS WORKS

薛恩伦
ENLUN XUE

中国建筑工业出版社
CHINA ARCHITECTURE & BUILDING PRESS

图书在版编目（CIP）数据

庞贝与古罗马建筑：研究建筑学的珍贵资料／薛恩伦. ——北京：中国建筑工业出版社，2018.7

（古代建筑名作解读）

ISBN 978-7-112-22202-5

Ⅰ. ①庞… Ⅱ. ①薛… Ⅲ. ①古罗马—建筑史 Ⅳ. ①TU-091.985

中国版本图书馆CIP数据核字（2018）第101145号

责任编辑：吴宇江
责任校对：张 颖

庞贝与古罗马建筑：
研究建筑学的珍贵资料

POMPEII AND THE ARCHITECTURE OF ANCIENT ROME: THE PRECIOUS REFERENCE OF STUDYING ARCHITECTURE

古代建筑名作解读
COMMENTARY OF ANCIENT ARCHITECTURAL FAMOUS WORKS

薛恩伦
ENLUN XUE

*

中国建筑工业出版社出版、发行（北京海淀三里河路9号）

各地新华书店、建筑书店经销

北京美光设计制版有限公司制版

北京富诚彩色印刷有限公司印刷

*

开本：787×1092毫米 1/16 印张：14¾ 字数：289千字

2018年9月第一版 2018年9月第一次印刷

定价：180.00元

ISBN 978-7-112-22202-5
　　　（32096）

内容提要

本书重点介绍庞贝遗址，因为庞贝城虽然仅仅是古罗马时期一个良好的海港，但是它反映出古罗马建筑学发展的真实面貌，难能可贵。公元79年8月24日，维苏威火山爆发，庞贝城距维苏威火山仅8km，一夜之间庞贝城全部被埋在25m深的火山喷发碎屑内，直到1748年，人们才真正开始挖掘这座古城。庞贝古城是今日世界上唯一的一座与古罗马社会生活状态完全相符的城市，庞贝城为我们提供了一处宝贵的、真实的历史瞬间"三维场景"，全世界其他城市的面貌都已经随着社会的发展被逐步改变了。靠近维苏威火山的赫库兰尼姆、托雷安农齐亚塔、斯塔比亚也被火山灰掩埋，其中赫库兰尼姆城区、奥普隆蒂斯别墅与圣马可别墅也颇具代表性，真实地反映了古罗马建筑学的发展，本书一并做了较为详细的介绍。

哈德良别墅是本书另一个重点介绍的古罗马建筑学发展实例。哈德良是古罗马皇帝中最有文化修养的一位，哈德良于公元118~133年在距罗马城29km的蒂沃利建造了一处王宫、一座花园式王宫，王宫占地约18km²。哈德良别墅的建筑物随地形起伏布置，在设计中运用古希腊建筑遗产中的最佳元素进行创作，是一组卓越的古典建筑群。哈德良别墅经常被误解为皇帝的行宫，是皇帝偶尔去度假的地方，因此称其为哈德良别墅，实际上哈德良别墅是哈德良在位时永久性的居住、办公场所。哈德良多才多艺，他既通晓哲学和文学，也是音乐家、建筑师、画家和雕塑家。哈德良最大的爱好是徒步旅行与建造房屋，他走遍罗马帝国各地，所到之处，他都要建造神庙、浴场和剧院。他在一切工作中都强调创造性，对待建筑设计更是如此，哈德良别墅是他在艺术创作上的集中体现。

约公元前30~前20年，维特鲁威，一位古罗马的工程师总结了当时"建筑学"的经验后写成《建筑十书》。《建筑十书》共10篇，内容包括：古希腊、伊特鲁里亚和古罗马早期"建筑学"的发展，从一般理论、建筑教育，到城市选址、建筑物地点选择、各类建筑物设计原理、建筑风格、柱式以及建筑施工和机械等。《建筑十书》是世界上遗留至今的第一部完整的建筑学著作。维特鲁威最早提出了建筑物的三要素——实用、坚固、美观，并且首次谈到了把人体的自然比例应用到建筑物的尺度上，并总结出了人体结构的比例规律。本书把《建筑十书》列为古罗马建筑学发展的重点成果，是国际建筑界研究建筑学的起点。

本书介绍的作品多数为世界遗产，考虑到国内相关资料较少，在编写过程中尽量把作品介绍详细些，编入的图片超过580幅，力图使读者清楚地了解作品的全貌，对于尚未去过作品现场的读者尤为重要。

Abstract

The ruins of Pompeii is what this book is mainly about. Being a mere fine sea port during ancient time, Pompeii is now regarded as very precious by way of its reflecting the real development of ancient Roman architecture. On August 24th, AD 79, Pompeii was destroyed and buried overnight under 25m of volcano ash and pumice in the eruption of Mount Vesuvius 8km away. It was not excavated until 1748 and became the only city in the world consistent with the social status of ancient Rome almost 2000 years ago. Pompeii provides us a valuable and truthful fleeting moment of history in 3-D, while other cities on earth have all changed with the pace of time. Also buried in tons of ashes were Herculaneum, Torre Annunziata and Stabiae, located in the shadow of Mount Vesuvius. Of these places, Herculaneum, Villa Oplontis and Villa San Marco exemplifies as well the development of ancient Roman architecture and therefore are given detailed introduction in this book.

Hadrian's Villa is another example the book devotes to. Hadrian, the most culturally attained Roman emperor, built a garden palace of 18 square km in Tivoli 29 km from Rome during the year of 118 through 133. Hadrian's Villa is often misunderstood as a retreat for short stay where the emperor dwelled only on vacation, hence its name. But in fact it was Hadrian's permanent residence and governing place during his reign. The complex undulates naturally along the landform, optimum elements from legacy of ancient Greek architecture were introduced into its design, it IS outstanding. Versatile Hadrian mastered philosophy and literature, he was also a musician, an architect, a painter and a sculptor. He displayed a keen interest on traveling and building houses. He travelled through his empire, during which he built temples, baths and theaters. Hadrian required creativity in every piece of work. Hadrian's Villa is the very epitome of his aspiration and dedication to art.

Around 30 BC to 20 BC, a Roman engineer, known as Vitruvius, wrote a treatise named The Ten Books on Architecture which combined knowledge and views in fields of architecture during his time. It was composed with ten books containing a variety of information on: development of architecture in their early stage of ancient Greece, Etruscan, and Rome, architectural theory and education, town planning, construction site selection, principles of different construction, styles and orders of architecture, engineering and machines, etc.. The Ten Books on Architecture is regarded as the first complete treatise on architecture that survived from antiquity. Vitruvius brought up first the three elements of architecture as being useful, solid, beautiful, and he first discussed about proportions of man and applying it to the construction of buildings. The Ten Books on Architecture is the major accomplishment of ancient Roman architectural development, and it is the starting point for study of western architecture.

Again, Works introduced in this book are mainly UNESCO World Heritage sites, but still Chinese readers are lacking in relevant written materials on them. The writer therefore, as usual, strives to elaborate to the last possible detail on the selected works and provides as many as 580 pictures so that these architecture can be fully appreciated by the readers, especially those who have not yet been to the sites.

前言 Preface

考古学家认为距今 300 万年前的旧石器时代意大利半岛便有人居住。公元前 1000 年，印欧语系的民族开始在意大利半岛中部定居，这些印欧语系的部族经过长期融合同化，形成了亚平宁半岛人的祖先。以古罗马城为中心的印欧语系各部族初步联合，形成政治上统一的罗马王国（或称罗马王政），历经罗马共和国，最终建立元首制的罗马帝国，此时的疆域东至幼发拉底河，南至非洲的撒哈拉沙漠，西至大西洋，北至多瑙河与莱茵河。公元前 27 年，元老院授予屋大维"奥古斯都"（Augustus）的尊称和大元帅或皇帝头衔（Imperator），奥古斯都执政后，励精图治，休养生息，取得 2 个百年和平（Two Centuries of Peace）。古罗马的政治制度深受古希腊的影响，许多不同的政治制度都在古希腊和古罗马地区获得实践和发展，古希腊和古罗马的民主政治制度是古代人类对民主制度最早的尝试，对后世产生深远的影响。

古罗马的建筑学继承了古希腊晚期建筑学成就，而且将其向前大大推进，在公元 1-3 世纪达到奴隶制时代全世界建筑学的顶峰。古罗马帝国最兴旺的时代，即罗马和平时期，大型建筑工程遍及帝国各地，最为重要的建筑工程集中在古罗马城内，其建筑规模之宏大，数量之众多，类型之丰富，艺术形式及手法之多样，旷古未有。古罗马城是以帕拉蒂诺山丘为核心，逐步扩大到台伯河东岸的 7 座山丘，今日我们看到的罗马城和古罗马时代的状况相差甚远，今日我们在罗马城看到的只是城墙局部遗址和古罗马时代的一些大型纪念性建筑物，如凯旋门、竞技场、浴场与神庙等，本书仅做了扼要的介绍。

本书重点介绍了庞贝（Pompeii）遗址，因为庞贝城虽然仅仅是古罗马时期一个良好的海港，但是它反映出古罗马建筑学发展的真实面貌，难能可贵。公元 79 年 8 月 24 日，维苏威火山爆发，庞贝城距维苏威火山仅 8km，一夜之间庞贝城全部被埋在 25m 深的火山喷发碎屑内，直到 1748 年，人们才真正开始挖掘这座古城。庞贝古城是今日世界上唯一的一座与古罗马社会生活状态完全相符的城市，庞贝古城为我们提供了一处宝贵的、真实的历史瞬间"三维场景"，全世界其他城市的面貌都已经随着社会的发展被逐步改变了。靠近维苏威火山的赫库兰尼姆（Herculaneum）、托雷安农齐亚塔（Torre Annunziata）、斯塔比亚（Stabiae）也被火山灰掩埋，其中赫库兰尼姆城区、奥普隆蒂斯别墅（Villa Oplontis）与圣马可别墅（Villa San Marco）也颇具代表性，真实地反映了古罗马建筑学的发展，本书一并做了较为详细的介绍。此外，2017年国庆假期我有幸拜访了约旦的杰拉什古城。杰拉什是古罗马时代约旦行省的首府，规模与庞贝古城不相上下，保护得相当完好，虽然发掘的范围并不太大，仅从已经恢复的部分神庙和城市主干道的规模观察，似乎比庞贝更有气魄，本书也做了扼要的介绍。

哈德良别墅（Hadrian's Villa）是本书另一个重点介绍的古罗马建筑学发展的实例，哈德良是古罗马皇帝中最有文化修养的一位，哈德良于公元118-133年在距罗马城29km的蒂沃利（Tivoli）建造了一处王宫、一座花园式王宫，王宫占地约18km^2。哈德良别墅的建筑物随地形起伏布置，在设计中运用古希腊建筑遗产中的最佳元素进行创作，是一组卓越的古典建筑群。哈德良别墅经常被误解为皇帝的行宫，是皇帝偶尔去度假的地方，因此称其为哈德良别墅，实际上哈德良别墅是哈德良在位时永久性的居住、办公场所。哈德良多才多艺，他既通晓哲学和文学，也是音乐家、建筑师、画家和雕塑家。徒步旅行与建造房屋是哈德良最大的爱好，他走遍罗马帝国各地，所到之处，他都要建造神庙、浴场和剧院。他在一切工作中都强调创造性，对待建筑设计更是如此，哈德良别墅是他在艺术创作上的集中体现。

罗马帝国第一个百年和平的前十年、约公元前30—前20年，古罗马的工程师维特鲁威（Vitruvius）总结了当时的"建筑学"经验后写成《建筑十书》(The Ten Books on Architecture)。《建筑十书》共10篇，内容包括：古希腊、伊特鲁里亚和古罗马早期"建筑学"的发展，从一般理论、建筑教育，到城市选址、建筑物场地选择、各类建筑物设计原理、建筑风格、柱式以及建筑施工和机械等。《建筑十书》是世界上遗留至今的第一部完整的建筑学著作。维特鲁威最早提出了建筑物的三要素——坚固、实用、美观，并且首次谈到了把人体的自然比例应用到建筑物的尺度上，并总结出了人体结构的比例规律。本书把《建筑十书》列为古罗马建筑学发展的重点成果，是西方建筑界研究建筑学的起点。

本书介绍的作品多数为世界遗产，考虑到国内相关资料较少，在编写过程中尽量把作品介绍详细些，编入的图片超过580幅，力图使读者清楚地了解作品的全貌，对于尚未去过作品现场的读者尤为重要。

《庞贝与古罗马建筑：研究建筑学的珍贵资料》是本书作者编写的《古代建筑名作解读》系列丛书中的一册，《古代建筑名作解读》共有 10 册，详细目录在本书封面的后勒口有介绍，系列丛书的出版顺序并没有按照书目的排列顺序。

感谢高为、周锐、曲敬铭、罗志刚、孙煊、徐华宇、白丽霞为本书提供的珍贵照片，感谢许瑾和徐佳臻为本书绘制 1—5 章的全部插图，感谢卢岩为我们出国考察的大力协助并为本书提供了内容提要和作者介绍的英文译稿，感谢中国建筑工业出版社吴宇江编审为本书出版所做的一切。

薛恩伦

2017 年 12 月 30 日于清华园

目录 Contents

1 古罗马的历史和古罗马的建筑学
The History of Ancient Rome and The Architecture of Ancient Rome

1.1 古罗马的历史：罗马王国、罗马共和国与罗马帝国

History of Ancient Rome: Roman Kingdom，
Roman Republic and Roman Empire

早在公元前 1500 年，意大利半岛便有人居住，也有考古学家认为距今 300 万年前的旧石器时代意大利半岛便有人居住。公元前 1000 年，印欧语系的民族开始在台伯河、阿尔诺河流域和亚平宁山脉之间的意大利半岛中部定居，这些印欧语系的部族经过长期融合同化，形成了亚平宁半岛人的祖先。①

关于古罗马的历史有另一种传说：公元前 1193 年，当特洛伊城（Troy）遭到希腊人攻克的时候，维纳斯女神（Venus）的儿子艾尼阿斯（Aeneas）及其追随者沿着小亚细亚和地中海沿岸逃出来，并沿北非西行穿过迦太基（Carthage）后，渡海经过西西里岛，沿着亚平宁半岛北上来到台伯河的东岸，艾尼阿斯的后代罗穆路斯（Romulus）成为古罗马的第一任国王，这一年被后来的历史学家认为是公元前 750-753 年。② 以古罗马城为中心的印欧语系各部族初步形成政治上统一的罗马王国（Roman Kingdom），也称罗马王政（regal period），罗马王国时期氏族部落组织尚完整存在。

卡比托利欧母狼乳婴雕塑（She-Wolf nursling sculpture or Capitoline Wolf）是公元前 450 年伊特拉斯坎人的青铜雕塑作品，确切地说，卡比托利欧博物馆展出的青铜母狼雕塑是伊特拉斯坎人的作品，一对婴儿是公元 12 世纪添加上去的。③《卡比托利欧母狼乳婴》是著名的罗马神话故事，传说维纳斯女神之子艾尼阿斯的后代

---

① 在古罗马以前的意大利半岛居住着众多民族，但有关资料十分缺乏。例如伊特拉斯坎人 (Etruscan) 自称拉森人，希腊人称之为第勒尼安人，拉丁人则称之为伊特鲁里亚人（Etruria），他们居住在台伯河（Tiber）、阿尔诺河流域（Arno）和亚平宁山脉之间的意大利半岛中部，即拉丁文称作伊特鲁里亚的地区。摘自：简明不列颠百科全书（卷 3）[M]. 北京：中国大百科全书出版社，1986：457-458.
② 特洛伊战争是以荷马史诗《伊利亚特》（Iliad）为背景的历史故事，也称特洛伊木马屠城。阿芙洛狄忒在希腊神话中是代表爱情、美丽与性欲的女神，罗马神话中被称为维纳斯（Venus）。特洛伊战争中阿芙洛狄忒帮助特洛伊人与天后赫拉（Hera）和智慧女神雅典娜（Athena）为敌，最终失败，其子埃涅阿斯在意大利的土地上建立了自己新的祖国，维纳斯成为罗马的保护神。罗马帝国时期对维纳斯的崇拜尤为盛行，尊奉维纳斯为罗马人的祖先。
③ Nancy H. Ramage and Andrew Ramage. Roman Art: Romulus to Constantine [M]. New Jersey: Prentice Hall, Inc., 1996:33.

有一对孪生兄弟、罗穆路斯与雷穆斯（Remus），这一对孪生兄弟出生后被他们残暴的叔父下令遗弃，执行命令的人出于同情心而没有执行命令，两名婴儿被一头母狼抚养长大，直到一名牧羊人发现他们，并收养他们为养子，罗穆路斯成年后成为古罗马的第一任国王。《卡比托利欧母狼乳婴》中的母狼高 75cm、长 114cm，身材略大于一般的母狼，肌肉健壮，神态警觉，双目闪闪发光，是伊特拉斯坎优秀的青铜器写实雕塑，现藏于罗马的卡比托利欧博物馆（Capitoline Museums）。

公元前 510 年罗马人驱逐了罗马王国时代第 7 任君主卢修斯·塔克文·苏佩布（Lucius Tarquinius Superbus），结束了罗马王国时代，建立了罗马共和国。共和国由元老院(Senate, from Latin senex, meaning "old man")、执政官(Consuls)和部族会议（Comitia Tributa）三权分立。掌握国家实权的元老院由贵族（patrician）组成，当时的贵族都是参加过推翻罗马王国的人，由于贵族中没有一个人强大到可以登上王位，便决定从贵族中选出两位拥有同样权力的执政官，任期为一年，一年任期结束后，再由两位新的执政官接任。执政官由部族会议从贵族中选举产生，行使最高行政权力，部族大会由贵族和平民（pleb）共同构成，罗马共和国第一任执政官是卢修斯·朱尼厄斯·布鲁特斯（Lucius Junius Brutus）。由于战争中的士兵来自平民，贵族不得不对平民作一些妥协，让平民也拥有参与政府管理的权利。罗马共和国初期，执政官既是战时的军队指挥官，也是处理法律事务的法官，同时还要管理财务。此后，战事频繁，执政官主要任务是指挥军队打仗，便分别任命了法官（prcetor）、监察官（censor）和财政官员（qucestor）协助其他方面的工作。[4] 在罗马共和国征服的地区设立行省（provincia or province），委派总督（governor）进行管理。

在罗马王国时期，平民已在国家中获得一定的权力，他们常在平民议会厅（comitia）中集会。罗马共和国早期，战争连绵不断，平民被编成军队建制，以 100 人为单位，形成所谓的百人队，此后，百人队成为一种群众组织，在罗马建筑词汇中也出现百人会堂（comitia centuriata），由于平民的组合常以部落为基础，集会的地方也被称为部落会堂（comitia tribula）。百人队中的平民得到与贵族一样的选举权，平民逐渐获得了更多的土地，享有广泛的权利，甚至在元老院中也出现了平民的身影。随着平民权利的增加，罗马共和国便出现了一个新的贵族群，并且导致了元老院成员和数量的变化。执政官兼任元老院的院长，也是国家的元首。执政官坐在高台上，下面的成员都是国家精英，由于执政官只有一年的任期，元老

---

④ 古罗马的政治制度深受古希腊的影响。古希腊是一个城邦林立的地区，许多不同的政治制度都在古希腊和古罗马地区获得实践和发展，古希腊和古罗马的民主政治制度是古代人类对民主制度最早的尝试，对后世产生深远的影响。

院的成员大多数都有管理公共事务的经历，甚至也担任过执政官，因此，执政官实际上是元老院决议的执行者，并非领导者。[5]

建立罗马共和国初期，古罗马还是一个动荡不安的小国，疆域仅仅是罗马城及其周围的地区，基于罗马共和国先进的政治制度，自公元前 500 年至公元前 275 年，这个台伯河畔的小国统治了波河（Po River）以南的意大利半岛，西地中海仅剩下罗马和迦太基（Carthage）两种力量，迦太基最终也被罗马战胜。[6] 虽然罗马共和国政治制度先进，仍然矛盾重重，包括贵族与平民间的矛盾、罗马同其他部落间的战争以及贵族间的派系之争。此外，对外战争中缴获大批俘虏，这些俘虏成为罗马人的奴隶，因此，又增加了奴隶与罗马人的矛盾。

公元前 60 年，罗马共和国的军事统帅盖乌斯·尤利乌斯·凯撒（Gaius Julius Caesar，公元前 100—前 44 年）与马库斯·李锡尼·克拉苏（Marcus Licinius Crassus，公元前 115—前 53 年）、格奈乌斯·庞培（Gnaeus Pompeius，公元前 106—前 48 年）秘密结盟，一度共同控制罗马政局，史称前三头联盟或第一次三头联盟（First Triumvirate），最终凯撒在内战中击败庞培。凯撒是一位英明的政治家，他已拥有最高权力，集军政大权于一身，却没有明令废除共和制，但共和制已徒具虚名。他扩充了元老院，让他的朋友、追随者，甚至以前的奴隶和外国人进入元老院，使元老院对他唯命是从。凯撒还制定了重建罗马的伟大计划，如修建公共建筑、改造罗马城区、根除台伯河水患等。凯撒是第一位事实上的罗马皇帝，他影响着罗马帝国的各方面。

公元前 44 年，凯撒被持不同政见的元老院成员人刺杀，凯撒死后，罗马内战又起。曾经追随凯撒的马克·安东尼（Mark Antony，公元前 83—前 30 年）、马尔库斯·埃米利乌斯·雷必达（Marcus Aemilius Lepidus，公元前 89—前 12 年）与凯撒的继承人盖乌斯·屋大维·图里努斯（Gaius Octavianus Thurinus，公元前 63—公元 14 年）公开结盟，获得统治国家 5 年的合法权力，史称后三头联盟或第二次三头联盟（Second Triumvirate）。屋大维和安东尼用了 10 年的时间征服了全部敌手，又剥夺了雷必达的军权和政权，此后，两人划分了势力范围，屋大维返回罗马，安东尼驻守东方。由于安东尼贪恋女色和军事上的失利，使屋大维找到机

---

⑤ James Henry Breasted. The conquest of civilization[M]. New York : Harper & Brothers Pub., 1926:502-503.
⑥ 迦太基古国位于今北非突尼斯北部，临突尼斯湾，公元前 7 世纪，发展成为强大的奴隶制国家，公元前 147 年，迦太基被罗马军摧毁。

会，最终消灭了安东尼，结束了近百年的内战。[7]屋大维此时已经控制了罗马共和国的全部疆域，东至幼发拉底河，南至非洲的撒哈拉沙漠，西至大西洋，北至多瑙河与莱茵河。

公元前 27 年，元老院授予屋大维"奥古斯都"（Augustus）的尊称和大元帅或皇帝头衔（Imperator），建立元首制，罗马共和国结束，古罗马进入了罗马帝国时代，屋大维统治罗马长达 43 年。[8]屋大维建立罗马帝国后，并未实行帝制，而是宣称恢复共和制，由元首（Princeps）和元老院共同执政，自己只不过是共和国第一公民、即元首，但实际上屋大维已成为独裁统治者，因为在他的背后是强大的罗马军团。罗马共和国时期，虽然占领了欧洲大片土地，但是各行省的总督任期一般也只有一年，在行省总督的任期内，他们只知道聚敛钱财以维持自己军队的运转，无法积累管理经验，执政官也一年一换，根本无法控制各地的总督。奥古斯都执政后，励精图治，休养生息，取得两个百年和平（Two Centuries of Peace）。

第一个百年和平（公元前 31—公元 68 年）是在奥古斯都和他的家族统治下进行的，奥古斯都本人执政 43 年，继承他事业的家族又延续了 4 代（约半个世纪），虽然 4 代继承人中只有两位明君，但是维护了百年和平。奥古斯都没有儿子，只有一个女儿，最后他请求元老院批准将他的继子（Stepson）、妻子与前夫生的儿子提比利乌斯（Tiberius，公元前 42—公元 37 年）过继给他，继承王位。提比利乌斯能征善战、精明强干，但缺乏其继父的宽容、大度。提比利乌斯的儿子早年夭折，由奥古斯都的重孙卡利古拉（Caligula，公元 12—41 年）继承了王位，但此人过度荒淫，仅在位 4 年就被人杀死。继卡利古拉之后的皇帝是提比利乌斯的外甥、克罗狄乌斯（Claudius，公元前 10—公元 54 年），克罗狄乌斯虽然能力不强，却也为帝国做出了贡献，值得一提的是他在不列颠成功地指挥一场战役，使南不列颠成为罗马的一个行省。此外，他还在罗马修建了两条规模空前的引水渠，总长约 100 英里。克罗狄乌斯的继承人是尼禄（Nero，公元 37—68 年），尼禄统治罗马的前 5 年依靠哲学家塞内加（Seneca，公元前 4—公元 65 年）辅佐，政绩

---

[7] 古埃及的托勒密王朝曾经统治埃及近 300 年，被后世称为"埃及艳后"的克利奥帕特拉七世（Cleopatra VII Philopator, 69-30 BC）是托勒密王朝的末代女王，凯撒昔日为了追杀政敌曾进入埃及，见到过这位美丽的女王，女王的魅力征服了这位罗马的执政官，使凯撒留在埃及近半年。凯撒死后，一度希望追随凯撒的埃及女王再次投入势力强大的安东尼怀抱，安东尼也为她在东方修建了波斯风格的王宫，此事引起罗马元老院的不满。在屋大维的鼓动下，罗马对埃及宣战，屋大维攻占了古老的埃及，安东尼和克利奥帕特拉均自尽身亡。摘自 James Henry Breasted. The conquest of civilization[M]. New York : Harper & Brothers Pub., 1926:591.

[8] 屋大维被认为是最伟大的罗马皇帝之一，虽然他保持了罗马共和的表面形式，但是却作为一位独裁者统治罗马长达 43 年，他结束了一个世纪的内战，使罗马帝国进入相当长的和平，繁荣时期。历史学家通常以他的头衔"奥古斯都"（意为神圣的、高贵的）来称呼他，公元前 27 年他获这个称号时年仅 36 岁，屋大维是凯撒大帝的养子，被凯撒指定为自己的继承人。

显著，塞内加因受人诬陷，被尼禄逐出宫廷，原本品质恶劣的尼禄便无所顾忌，于是尼禄的名字便成为罗马历史上黑暗时代的代名词。公元 64 年，当元老院通过投票决定处死他时，尼禄自刎身亡。⑨ 尼禄死后，面临内战的危险，幸亏有一位才能出众的将领韦斯帕西安（Vespasian，公元 69—79 年在位）结束了动荡的局面，韦斯帕西安被元老院拥戴为帝国的皇帝，建立了弗拉维王朝（Flavian dynasty，公元 69—96 年），使罗马帝国进入第二个百年和平（公元 69—167 年）。弗拉维王朝先后由韦斯帕西安和他的两个儿子提图斯（Titus）和图密善（Domitian）统治，弗拉维王朝为帝国北方的安全付出很大的努力，也为罗马城的建设做出了贡献，突出的实例便是罗马的大竞技场（Colosseum）。公元 98 年，图拉真（Trajan，公元 98—117 年），全名马尔库斯·乌尔皮乌斯·涅尔瓦·图拉真努斯（Marcus Ulpius Nerva Traianus）继碌碌无能的涅尔瓦之后，被元老院推举为皇帝。图拉真在位时立下显赫战功，使罗马帝国的版图达到了极盛，罗马城中的图拉真纪念柱（Trajan's Column）记载他的功绩，元老院也特意赠给他"最优秀的第一公民"（Optimus Princeps）称号。⑩ 图拉真的继承人哈德良（Hadrian，公元 76—138 年），全名普布利乌斯·埃利乌斯·哈德良（Publius Aelius Traianus Hadrianus），既是一位杰出的军事将领，又是一位英明决断的政治家。哈德良明智地放弃了除西奈半岛以外的东方边界，他还加强了北方边界的防守力量，在莱茵河与多瑙河之间修建一道很长的界墙，并且在不列颠尼亚（Britannia）行省的北部国境线兴建了著名的哈德里安长城。此外，图拉真和哈德良在位期间，有效地组织了边防军队。边防军队由多民族组成，不仅规模庞大而且组织严密，使罗马帝国保持了很长时间的安宁。哈德良在建筑学方面的贡献之一是在罗马城内重建了万神庙（Pantheon），他在蒂沃利（Tibur or Tivoli）修建的哈德良别墅（Hadrian's Villa）有重要的学术价值。图拉真和哈德良时期的建筑工程达到了古罗马建筑学的最高水平。图拉真和哈德良

---

⑨ 尼禄热爱艺术，亲自参加各种艺术活动，他以作曲者身份到希腊漫游，参加各种舞蹈、歌唱和马车比赛，他不仅同演员、运动员、职业角斗士混在一起，而且参加过角斗竞技表演。尼禄从来不理政务，生性阴暗多疑，他不仅逼死了他的老师塞内加，还在别的女人诱惑下杀死了自己的妻子，他对自己母亲的谋杀使他的罪恶达到了极点。尼禄在位期间在行省大肆搜刮，夺取财富供个人挥霍，尼禄还为自己建造了一幢黄金住宅（Golden House of Nero），沉重的赋税激起各行省的愤怒，最终导致公开的叛乱。当元老院通过投票决定处死他时，尼禄戏剧性地选择了自刎。尼禄临死前，他大声喊叫"我的死使你们失去了一位伟大的艺术家"。摘自 James Henry Breasted. The conquest of civilization[M]. New York：Harper & Brothers Pub., 1926:617.
⑩ 图拉真是第一位并非罗马本土出生的皇帝，他出生在西班牙境内的意大利卡（Italica）。公元 101-102 年，图拉真为了维护帝国北方的安全，他率领军队强渡多瑙河，攻克达西亚（Dacia），使达西亚成为罗马帝国的行省，并在多瑙河西岸兴建罗马人居住区，这些居住者的后代至今仍被称为罗马尼亚人（Roumanians），图拉真柱就是为纪念图拉真在达基亚战争所取得的胜利而建。

均被誉为罗马帝国五贤帝（Five Good Emperors of Roman Empire）之一。[⑪] 在哈德良之后是安敦宁·毕尤（Antoninus Pius，公元86—161年）和马可·奥里略（Marcus Aurelius，公元121—180年）两位皇帝执政，虽然他们的政绩受到百姓的肯定，但是罗马帝国的经济逐渐衰落。

马可·奥里略统治时期，北方的日耳曼部落越过多瑙河，开始入侵和渗透。罗马人把日耳曼部落视为蛮族，日耳曼部落之间也时常发生对抗，有些罗马的将领还一度吸收若干日耳曼部落担当防御任务。日耳曼人的入侵延续近3个世纪，对罗马帝国后期产生重要影响。基督教的兴起与传播是罗马帝国后期发生变化的另一个因素，随着基督教势力的发展，需要愈来愈多的人来领导，基督教成了政治家展现才能的场所，削弱了罗马帝国的政治力量。

公元3世纪，罗马帝国内部军事混乱，皇帝的权力被军人夺来夺去，直到戴克里先的统治时期（公元284—305年）军事混乱才结束。戴克里先称帝后，将元首制改为君主制，实行四帝共治，最高权力属戴克里先，元老院降为城市议会，只负责城市的政治管理。戴克里先的绝对专制虽然结束了罗马帝国的混乱，也毁灭了古罗马创立的文明，皇帝成了崇拜的偶像，犹如古老东方的太阳神，觐见皇帝的人都要行跪拜礼。戴克里先去世后，他的几位继承人为了争夺皇位大打出手，第一位皈依基督教的罗马皇帝君士坦丁大帝（Constantine the Great，公元274—337年）成为最后的胜利者。具有政治远见的君士坦丁大帝掌握政权后，决定将罗马帝国都城迁至巴尔干半岛东端，古希腊的拜占庭，使罗马帝国都城成为横跨欧亚的政治中心，新都至公元330年已蔚为壮观，新都被重新命名为君士坦丁堡。

公元395年，罗马帝国皇帝狄奥多西一世（Theodosius I）死后，罗马帝国正式分为两部分，即西罗马帝国和东罗马帝国。东罗马帝国也称拜占廷帝国（Byzantine Empire），西罗马帝国在内忧外患中衰落。公元476年，西罗马最后一个帝国皇帝罗慕路斯·奥古斯都（Romulus Augustus）被日耳曼族国王奥多亚克（Odoacer, or Odovacar，公元435—493年）废黜，西罗马帝国灭亡，东罗马帝国至公元1453年被土耳其人建立的奥斯曼帝国（Ottoman Empire）所灭。

---

⑪ 罗马帝国的五贤帝是：涅尔瓦、图拉真、哈德良、安敦宁·毕尤和马可·奥里略，五贤帝均因关心百姓疾苦而获得美称，例如安敦宁·毕尤统治帝国期间制定的法律有效地保护了妇女和儿童的权益，使他们免受家长的虐待。此外，奴隶也受到法律的保护，主人不可以随便处死奴隶。

1.1-1

1.1-2

1.1-1 卡比托利欧母狼乳婴青
铜雕塑侧立面

1.1-2 卡比托利欧母狼乳婴青
铜雕塑透视前侧

1.1-3　19 世纪绘画描绘西塞罗在古罗马元老院
　　　　演说

1.1-4　朱里奥·凯撒胸像

1.1-5　奥古斯都似乎正在指挥千军万马征服四方

1.1-6 图拉真胸像

1.1-7 哈德良胸像

1.1-8 古罗马的台伯河及其岛屿

1.1-9 今日罗马的台伯河

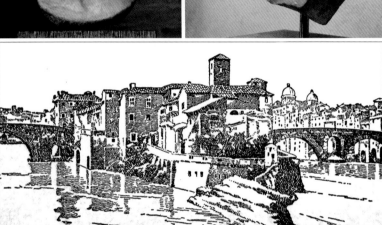

1.2 古罗马的城市与广场

The Cities and The Forums of Ancient Rome

意大利中部的台伯河（River Tiber）虽然不是大河，却是古罗马的发源地，考古学家们认为：约在公元前 8 世纪，台伯河东岸已经居住着被称为拉丁人的古代部落，最大的聚居点在帕拉蒂诺山丘（Monte Palatino or Palatine Hill）。约在公元前 750 前，帕拉蒂诺山丘对面的伊特拉斯坎（Etruscan）首领跨过台伯河，赶走了拉丁部落的首领，占领了帕拉蒂诺山丘，罗马城就是从这个山丘开始建造的。[12]

古罗马城以帕拉蒂诺山丘为核心形成罗马城的雏形，这个地段被作为罗马广场（Roma quadrata or Square Rome），此后，罗马城逐步扩大到台伯河东岸的 7 座山丘（Sette colli di Roma or The Seven Hills of Rome），确立了古罗马的政治中心。[13] 7 座山丘最初分别为不同的人群所占有，其后，7 座山丘的居民共同参与一系列的宗教活动，逐渐组合起来，居民们将山丘间的沼泽地清理，并且在该处兴建市场与法庭。公元前 4 世纪，也就是罗马共和国时期，在罗马古城四周建造了高约 10m 的防御性城墙，名为塞维安城墙（Servian Walls），今日尚存少量遗迹。此后，在公元 271 至公元 275 年，罗马帝国时期又建造了奥里利安城墙（Aurelian Walls），取代塞维安城墙。奥里利安城墙是城砖饰面的混凝土城墙，高 8m、厚 3.5m，至公元 4 世纪，城墙加高至 16m，此时的城墙已经将 7 个山丘全部围合，围合的面积约 1400hm²，大大超越了塞维安城墙围合的面积。

英语中有一条著名的谚语"条条大路通罗马"（All roads lead to Rome），比喻为"达到同一目的可以有多种不同的方法和途径"，这条谚语也真实地写照了

---

[12] 帕拉蒂诺山亦译帕拉蒂尼山，英语为 Palatine Hill，意大利语为 Monte Palatino，拉丁语为 Collis Palatium 或 Mons Palatinus。帕拉蒂诺山是古罗马城 7 座山丘中位处中央的一座，也是今日罗马市区内最古老的地区之一，帕拉蒂诺山高约 40 米，一侧为古罗马广场，另一侧为罗马大竞技场，也称斗兽场。考古挖掘显示，大约在公元前 1000 年帕拉蒂诺山已有人居住，据说罗马帝国的皇帝奥古斯都也出生于此地。

[13] 另一种传说是罗马城最初是由罗马王政时代的首位国王罗慕路斯（Romulus）于帕拉蒂诺山上兴建，罗穆卢斯也是传说中被母狼抚养大的孩子。今日其余 6 座山的名称也与古代的称呼有所不同，今日罗马城 6 座山丘的拉丁语名称分别为：阿文提诺山（Collis Aventinus）、卡比托利欧山（Collis Capitolinus）、奎利那雷山（Collis Quirinalis）、维米那勒山（Collis Viminalis）、埃斯奎利诺山（Collis Esquilinus）与西里欧山（Collis Caelius）。

古罗马的城市规划。今日我们看到的罗马城和古罗马时代的状况相差甚远，7座山丘几乎已被铲平，帕拉蒂诺山丘在罗马帝国时代已经变成宽敞的台地并为帝国建造了许多公共性建筑物。文艺复兴后期，著名的瑞士建筑师与工程师多梅尼科·丰塔纳（Domenico Fontana，1543－1607 AD）在天主教教皇西斯都五世（Xystus V or Sixtus V）的支持下又以古罗马原有山丘的土去填平山谷，增加城市用地，在罗马建造了多座建筑物，几乎完全改变了古罗马的城市面貌。第二次世界大战前，墨索里尼统治时期又修建了帝国大道，严重破坏了罗马古城核心地区。本书选择了一幅罗马共和国时代的古城平面示意图，缺乏确切的考证，仅供参考。从城市中心向四面八方放射型的道路可以看出"条条大路通罗马"的城市规划构思。

古罗马城的规划是古罗马城市规划中的一个特例，古罗马其他行省中的城市规划并非如此，例如庞贝城中的道路便是棋盘式布局，本书第五章将详细介绍。公元100年，图拉真为了抵御北非的努米底国（Numidia），建立了一座具有战略意义的新城。新城名为提姆加德（Thamugadi or Timgad），位于今日的阿尔及利亚境内，可以容纳北非的罗马帝国退伍军人。提姆加德城市人口约为1万～1.5万人，是典型的古罗马城市，街道互相垂直，形成正方形方格网。城内的广场也为正方形，城门在城市四面的中间，街道两侧有柱廊，市区中心有纪念性拱门，城内的剧场可容纳4000人，并且有很大的公共浴场。⑭

古罗马城的罗马广场（Foro Romano or Roman Forum）曾经是古罗马时代市民的生活中心，在罗马共和国时期和罗马帝国时期，罗马广场是城市的政治中心和宗教活动中心。罗马广场中心是一处矩形的户外空间，四周是政府机构，如元老院（Curia or council）、神庙和巴西利卡（Basilica），它也称会堂，是一种长方形廊柱大厅。马克森提乌斯会堂（The Basilica of Maxentius）和君士坦丁会堂是古罗马广场上最大的建筑物，位于广场北侧，由皇帝马克森提乌斯始建于308年，而到312年却由他的敌人君士坦丁一世完成，令人深思。罗马广场和会堂是古罗马民主的象征，市民表决和元老院讨论均在此举行，罗马广场平时也作为购物市场和市民活动的地方。罗马广场西侧是灶神庙（Temple of the Vestals）、灶神住房（House of the Vestals）和灶神中庭（Atrium Vestae），这是一组建在帕拉蒂诺山脚下的建筑群。灶神中庭是由50个房间围合出的中庭、一幢高3层的宫殿，据说古罗马的官员也曾在此居住过，灶神是罗马神话中最普及的神祇，也是古罗马的家庭之神。在罗马共和国和罗马帝国时期，罗马广场都是庆祝战争胜利的会场。每逢重大节日或庆祝战争胜利，战胜的军队通常从西侧的凯旋门（western

---

⑭ Nancy H. Ramage and Andrew Ramage. Roman Art: Romulus to Constantine [M]. New Jersey: Prentice Hall, Inc., 1996:178-179.

Triumphal Gate）进入城市，同时环绕帕拉蒂诺山游行，再从维利亚山（Velian Hill）经圣道（Via Sacra）进入罗马广场。居住在罗马的市民经常参加选举，他们对元老院的成员十分熟悉，了解那些政治家的智慧和才干，站在巴西利卡敞开的大门前，就会听到白发苍苍的老执政官们出色的演讲，演讲声回荡在广场中。前面的描述有助我们了解共和国时期罗马广场在城市中的作用，由于罗马广场四周的建筑物不断增加和改建，中央开敞的矩形空间被压缩到仅有 130m×50m，从后人制作的罗马帝国后期的模型可以看到罗马广场四周建筑物的拥挤状况，据说昔日在罗马广场地段内还有一片沼泽式湖水（marshy lake）。

公元前 46 年，已经独揽罗马共和国大权的凯撒决定在古罗马广场东北侧再建一处纪念他本人的广场，广场靠近当时的元老院和艾米利亚会堂。凯撒广场长 160m、宽 75m，同时在广场内建立一座维纳斯神庙（Temple of Venus Genetrix）。凯撒建造维纳斯神庙用心良苦，表明他是维纳斯和古罗马的第一任国王罗穆路斯的后代。[15] 凯撒还自创家谱，提出爱和美的女神维纳斯是朱利安家族（Julian clan）之母，表明朱利安·凯撒（Julius Caesar）是朱利安家族的成员。[16]

公元前 42 年，奥古斯都在腓立比战役（The Battle of Philippi）中战胜了刺杀他养父凯撒的敌人，奥古斯都决心在罗马城内建立一座纪念战神玛尔斯（Mars）的神庙，战神庙前的广场以他本人的尊称命名，即奥古斯都广场（Forum of Augustus）。战神庙和奥古斯都广场建在古罗马广场的东北方向，靠近凯撒广场，显示他与凯撒的关系密切。此外，在古罗马的神话中，玛尔斯与维纳斯是情人关系，两座神庙的靠近也增加了两个广场的内涵。奥古斯都广场有明确东北-西南方向的中轴线，战神庙在广场尽端，面向奥古斯都广场和凯撒广场，奥古斯都广场两侧是柱廊，柱廊内的雕塑被视为艺术博物馆。奥古斯都广场不仅有纪念性，而且有实用价值，罗马帝国期间战争出发前的誓师与战争胜利后战利品的展示均在奥古斯都广场举行。

公元 106 年，奥古斯都广场建成后约 150 年，罗马帝国的图拉真皇帝在古罗马城兴建以图拉真命名的广场（Forum of Trajan）和以图拉真命名的市场（Markets of Trajan），并且将二者组合在一起。此外，图拉真皇帝还将图拉真广场和图拉真市场东侧的凯撒广场和奥古斯都广场进行修复，连同韦斯帕西安和平神庙（Temple of Peace of Vespasian）、涅尔瓦广场（Forum of Nerva）一并组织在一起，形成

---

⑮ 根据罗马神话，维纳斯是特洛伊战争中的英雄艾尼阿斯 (Aeneas) 的母亲，艾尼阿斯在特洛伊城沦陷后，携带幼子、背负父亲，逃出被大火吞灭的家园，辗转至亚平宁半岛，艾尼阿斯的后代罗穆路斯 (Romulus) 成为古罗马的第一任国王。

⑯ Nancy H. Ramage and Andrew Ramage. Roman Art: Romulus to Constantine[M]. New Jersey: Prentice Hall, Inc., 1996：90.

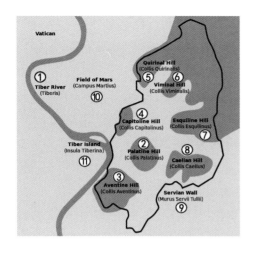

1.2-1　古罗马城以帕拉蒂诺山丘为核心，共有7座山丘
1- 台伯河；2- 帕拉蒂诺山丘；3- 阿文提诺山；4- 卡比托利欧山；5- 奎利那雷山；6- 维米那勒山；7- 埃斯奎利诺山；8- 西里欧山；9- 塞维安城墙；10- 战神广场；11- 台伯岛

一组庞大的广场群、史无前例的建筑综合体。[17]

　　图拉真广场是罗马帝国的最后一个议事广场，图拉真市场则是世界上最早的购物中心，图拉真广场和图拉真市场的设计人是来自叙利亚行省大马士革（Damascus）的希腊建筑师阿波罗多罗斯（Apollodorus）。[18] 图拉真广场和图拉真市场的设计构思相当前卫，图拉真广场是开敞的空间，图拉真市场是有屋顶的空间，二者相辅相成，综合解决了政治活动和日常生活多种功能的需求。图拉真广场、乌尔比亚议事大厅（Basilica Ulpia）、图拉真凯旋柱（Column of Trajan）与神圣图拉真庙（Temple to the Divine Trajan）形成一组严格对称的空间序列。[19] 图拉真广场长116m、宽95m，有明确的中轴线，广场入口设图拉真拱门，加强了广场的中轴线。图拉真柱的两侧分别是拉丁文图书馆和希腊文图书馆，进一步突出了序列空间的对称性。乌尔比亚议事大厅长约179m，四面柱廊围绕，是古罗马最大的议事大厅，议事大厅两端半圆形的后殿丰富了建筑造型。

---

[17] 涅尔瓦广场和维斯帕先和平神庙是弗拉维王朝的两位皇帝涅尔瓦和维斯帕先建造的，凯撒广场也是弗拉维王朝的图密善皇帝首先进行复原，图拉真继续修复。

[18] 大马士革的阿波罗多洛斯（Apollodorus of Damascus），是公元2世纪罗马帝国著名的工程师、建筑家、设计家和雕刻家。他是来自叙利亚行省大马士革的希腊人，受到罗马帝国皇帝图拉真的重用，完成大量的建筑作品。105年，阿波罗多洛斯在达基亚多瑙河上为在进行第二次达亚战争的罗马帝国军队建造了图拉真大桥，他在罗马也留下很多作品，最著名的是图拉真凯旋柱和图拉真广场。

[19] 乌尔比亚 (Ulpia) 是古罗马早期的一个氏族、图拉真家族的祖先。图拉真的全名很复杂，简化后是马库斯·乌尔比亚·图拉真（Marcus Ulpius Trajanus）。

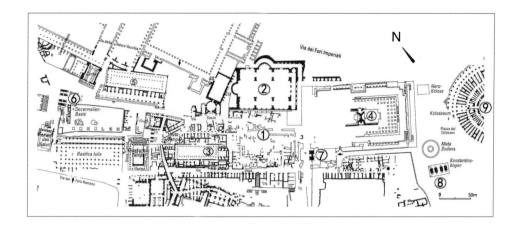

| 1.2-2 |
| 1.2-3 |

1.2-2 古罗马帝国后期公元4世纪城市广场遗址

1- 古罗马广场；2- 马克森提乌斯和君士坦丁会堂；3- 灶神庙；4- 维纳斯与罗马神殿；5- 艾米利亚会堂；6- 塞维鲁凯旋门；7- 提图斯凯旋门；8- 君士坦丁凯旋门；9- 古罗马大竞技场

1.2-3 罗马共和国时代的古城平面

1- 台伯河；2- 帕拉蒂诺山丘；3- 阿文提诺山；4- 卡比托利欧山；5- 奎利那雷山；6- 维米那勒山；7- 埃斯奎利诺山；8- 西里欧山；9- 奥里安城墙；10- 罗马广场；11- 奥古斯都广场与图拉真广场；12- 万神庙；13- 卡拉卡拉浴场；14- 马克西穆斯竞技场；15- 戴克里先浴场；16- 尼禄的黄金住宅；17- 大竞技场；18- 维纳斯神庙；19- 战神之地

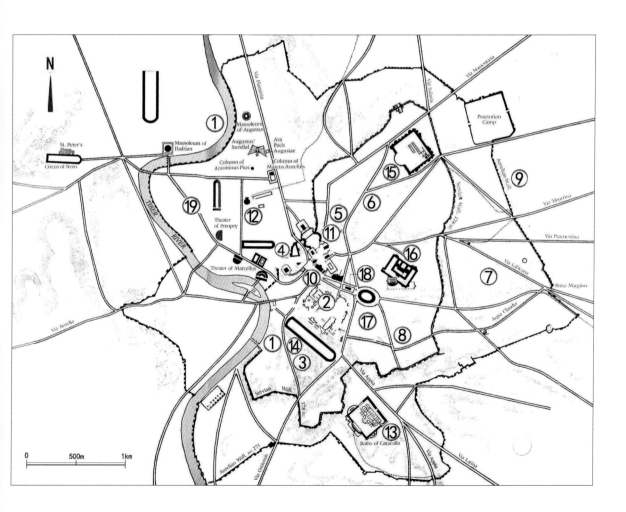

1.2-4	
	1.2-5
1.2-6	
1.2-7	

1.2-4 古罗马城市中心遗址现状鸟瞰

1.2-5 罗马广场北侧的马克森提乌斯
会堂遗址

1.2-6 马克森提乌斯会堂西侧的艾米
利亚会堂遗址

1.2-7 俯视维斯塔神庙建筑群遗址

1.2-8 从西向东俯视古罗马广场遗址

1.2-9 奥古斯都广场与图拉真广场建筑群遗址平面布局

　　1- 奥古斯都广场；2- 战神庙；3- 图拉真广场；4- 乌尔比亚大厅；5- 图拉
真凯旋柱；6- 图拉真市场；7- 凯撒广场；8- 维纳斯神庙；9- 涅尔瓦广场；
10- 和平神庙；11- 艾米利亚会堂

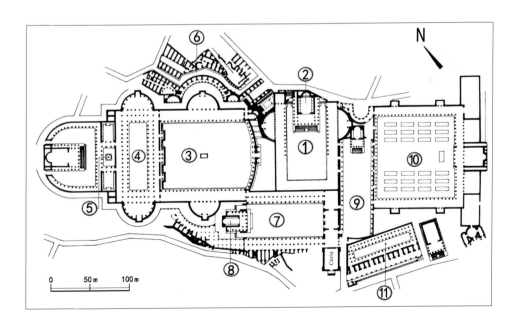

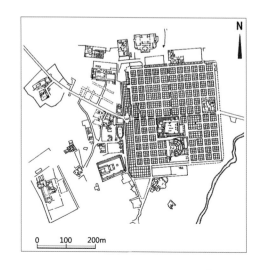

1.2-10　古罗马帝国市中心的奥古斯都广场遗址

1.2-11　奥古斯都广场战神庙门廊入口遗址细部

1.2-12　图拉真广场柱廊遗址

1.2-13　图拉真广场的乌尔比亚大殿柱廊遗址

1.2-14　俯视图拉真市场建筑群

1.2-15　提姆加德城市中心的纪念性拱门遗址

1.2-16　提姆加德城市总平面示意

1.3 古罗马的纪念性建筑：凯旋门、凯旋柱与和平祭坛

Monumental Buildings of Ancient Rome: Triumphal Arches，Triumphal Columns and Altar of Augustan Peace

古罗马的纪念性建筑物包括凯旋门和凯旋柱。凯旋门（Triumphal arches）是一种纪念性的拱门，通常有 1 个、3 个或多个拱门洞跨越在大道上，拱门上有丰富的檐部，檐部上有纪念性的碑文和浮雕，建立拱门通常是为了纪念军事统帅的胜利、新殖民地的建立或新国王即位。凯旋门被认为最早是在古罗马兴起的纪念性建筑，普遍认为古罗马凯旋门拱门的出现与古罗马拱形结构的发展密切相关。拱形结构是古罗马人从伊特拉斯坎人那里学来的并且充分加以发挥，成为建筑学的重要成果，对古罗马的文化产生重要影响，凯旋门便是在这种背景影响下形成的一种象征胜利的建筑符号。

古罗马的奥古斯都凯旋门（The Arch of Augustus）是古罗马广场上的凯旋门，完成于公元前 29 年，是为庆祝奥古斯都在亚克兴角战役（Battle of Actium）战胜马克·安东尼（Mark Antony）而建。奥古斯都凯旋门靠近灶神庙（Temple of Vesta），跨越卡斯托尔和波鲁克斯神庙（Temple of Castor and Pollux）和凯撒神庙（Temple of Caesar）之间的道路。奥古斯都凯旋门留下的遗迹很少，从当时的货币上看到它有 3 条通道，是古罗马首次出现 3 个拱门洞的凯旋门。奥古斯都凯旋门成为后世塞维鲁凯旋门（Arch of Severus）和君士坦丁凯旋门（Arch of Constantine）仿效的样板。

提图斯凯旋门（Arch of Titus）是古罗马广场东南圣道上的一座大理石单拱凯旋门，由弗拉维王朝最后一位皇帝图密善兴建于公元 70 年，纪念他的兄长提图斯于公元 70 年征服耶路撒冷，终止 66 年开始的犹太人大起义。[20] 提图斯凯旋门宽

---

[20] 古罗马城的朱庇特神庙于公元 80 年大火中焚毁，图密善下令重新兴建，于 82 年竣工。此外，图密善在古罗马城还兴建了著名的图密善竞技场（Stadium Domitiani），重新修筑并完成了最著名的大竞技场（Colosseum），今日称斗兽场。史学家普遍认为图密善执政的中后期喜好荒淫嬉戏，并逐渐变得残暴。在基督教的历史观中，将图密善视为早期迫害教徒的皇帝之一。

13.50m、高 15.40m、深 4.75m，拱门高 8.30m、宽 5.36m，设计提图斯凯旋门的建筑师是雷比瑞斯（Rabirius）。提图斯凯旋门成为后世模仿的样板，最著名的实例是位于巴黎戴高乐广场中央的凯旋门（Arc de Triomphe de l'Étoile）。

古罗马广场上的塞维鲁凯旋门（Arch of Septimius Severus）是罗马帝国塞维鲁王朝皇帝塞普蒂米乌斯·塞维鲁（Septimius Severus，公元 145 - 211 年）于公元 203 年下令建造的 3 拱凯旋门，这是为了纪念他在里海东南方向战胜东方古国帕提亚（Parthia），我国古代称帕提亚为安息（今日的伊朗和伊拉克部分地段）。塞维鲁凯旋门宽 25m、高 23m，中间拱门高 12m，两侧拱门高 7.8m。提图斯凯旋门和塞维鲁斯凯旋门是今日古罗马广场上仅存的两个凯旋门。

君士坦丁凯旋门（Triumphal Arch of Constantine）是古罗马现存的最后一个凯旋门，位于罗马大竞技场（Colosseum）和帕拉蒂诺山之间。君士坦丁凯旋门是君士坦丁大帝为纪念米尔维安大桥战役（Battle of Milvian Bridge）的胜利于公元 315 年建造的。君士坦丁凯旋门高 21m、宽 25.7m、纵深 7.4m，它拥有 3 个拱门，中央的拱门高 11.5m、宽 6.5m；两侧的拱门高 7.4m、宽 3.4m。君士坦丁凯旋门横跨在凯旋大道（Via Triumphalis）上，昔日罗马皇帝举行凯旋仪式时从这条路进入罗马，凯旋仪式的路线是从战神广场开始，穿过马克西穆斯竞技场（Circus Maximus），再沿着帕拉蒂诺山前进。罗马帝国的疆域很大，许多行省都有各具特色的凯旋门，不胜枚举。加利努斯凯旋门（Arch of Gallienus）是靠近塞维安城墙的一座凯旋门，风格简洁，门高 8.8m、宽 7.3m、厚度为 3.5m，为纪念马可·奥勒利乌斯（Marcus Aurelius）皇帝作战胜利而建。

图拉真凯旋柱（Triumphal Column of Trajan）简称图拉真柱（Trajan's Column or Colonna Traiana），位于罗马奎利那尔山边的图拉真广场，是罗马帝国皇帝图拉真为纪念征服达西亚（Dacians）而建立的。该柱由大马士革的建筑师阿波罗多洛斯建造，于公元 113 年落成。图拉真柱净高 30m（包括基座总高 38m）、直径 3.7m，柱体内有 185 级螺旋楼梯直通柱顶。图拉真柱外表由总长约 198m 的精美浮雕绕柱 22 周，共刻用 2500 个人物雕像，记载着图拉真指挥的全部战役。[21] 早期图拉真柱的柱冠为一只巨鸟，很可能是鹰，后来被图拉真塑像代替。漫长的中世纪破坏了图拉真塑像，1588 年，教皇西斯都五世（Pope Sixtus V）下令以圣彼得雕像立于柱顶，直至今日。图拉真凯旋柱是古罗马建筑的创举，它具有多种功能，不仅展示了图拉真的丰功伟绩，而且是重要的景观建筑，经螺旋楼梯登上柱顶可以俯瞰古罗马全景，图拉真凯旋柱是功能、技术与艺术完美结合的典范。继图拉真凯旋柱建成后，罗马帝国皇帝安敦宁·毕尤、马可·奥里略和阿卡狄奥斯

---

[21] James Henry Breasted. The conquest of civilization[M]. New York : Harper & Brothers Pub., 1926:643.

（Arcadius）也都先后建造了凯旋柱，表彰各自的丰功伟绩。

在罗马帝国时期，根据奥古斯都指令，有 13 座方尖碑（obelisk）自罗马帝国的行省埃及运至罗马，衬托罗马的尊严和伟大。

公元前 13—前 9 年，奥古斯都时代的元老院在古罗马城外的战神场区，也称马尔兹场区（Campus Martius or Field of Mars），建立了一座供奉和平女神（Pax）的大理石和平祭坛（Ara Pacis Augustae or Altar of Augustan Peace），以庆祝奥古斯都胜利后为帝国带来的和平，并且把一座从埃及带回的、最古老的托里奥方尖碑（Obelisk of Montecitorio）作为奥古斯都日晷（Solarium Augusti or Horologium Augustus）与和平祭坛结合在一起。每年的 9 月 23 日是奥古斯都的生日，方尖碑的阴影会投射在和平祭坛中心的大理石祭坛上。[22]

和平祭坛是一座安放在台座上的小祭坛，祭坛四周有一圈围墙，围墙内外侧均有浮雕。浮雕的内容以表达和平、繁荣的题材为主，伴有古罗马传统的礼仪和奥古斯都家族的人物。和平祭坛围合的空间为 10.5m×11.6m，东、西两侧有通透的门洞，和平祭坛犹如一座开放式神殿，是颇有创意的纪念性建筑物。[23] 和平祭坛最初建在战神场区，一度损坏，1938 年修复并重新组装。其位置改变，靠近奥古斯都陵墓。2006 年，美国建筑师理查德·迈耶（Richard Meier）为祭坛设计了一个玻璃盒式的建筑物作为和平祭坛博物馆（Ara Pacis Museum），人们对此评价不一，有人认为是败笔，也有人认为把祭坛放在室内有利文物保护，祭坛与城市的噪声隔离并非坏事。

---

[22] 作为奥古斯都日晷的托里奥方尖碑的碑身高约 21.79m，连同基座和顶上的球体总高 33.97m，托里奥方尖碑一度倾倒、损坏，并被沉渣掩埋，至公元 16 世纪被教皇皮亚斯六世重新立在马尔兹场区。

[23] 战神场区在台伯河东岸，原为放牧牛羊的低洼平原，约 2km²，曾一度作为训练军队的场地。公元前 55 年，罗马共和国的将军庞培首先在战神场区建立了一座剧场，剧场一度成为元老院聚会的场所。罗马帝国初期，元老院在战神场区建造了和平祭坛。公元前 28 年，奥古斯都在战神场区为自己建造了大型陵墓，据说陵墓平面为圆形，直径 90m、高 42m，门前还有一对方尖碑，陵墓今日已不对外开放。此后，在战神场区还建造了公共浴场和神庙，今日只有万神庙和神庙前的方尖碑仍然屹立在原有的位置。

| | 1.3-1 | |
| 1.3-2 | | 1.3-3 |

1.3-1 俯视古罗马广场与
提图斯凯旋门

1.3-2 古罗马提图斯凯旋
门立面

1.3-3 仰视提图斯凯旋门
顶部雕刻

1.3-4	1.3-5
	1.3-6
	1.3-7

1.3-4 俯视古罗马广场上的塞维鲁凯旋门

1.3-5 古罗马塞维鲁凯旋门立面

1.3-6 君士坦丁凯旋门与斗兽场

1.3-7 俯视君士坦丁凯旋门

1.3-8 图拉真凯旋柱

1.3-9 图拉真凯旋柱底座

1.3-10 图拉真凯旋柱的柱身浮雕

1.3-11 大理石和平祭坛（复原模型）

1.3-12 理查德·迈耶为和平祭坛设计了一个玻璃盒式的博物馆

1.3-13 和平祭坛四周围墙内外侧均有表达和平题材的浮雕

1.3-14 和平祭坛中一幅歌颂和平女神的浮雕

1.3-15 歌颂和平女神浮雕的核心细部

1.4 古罗马的信仰与神庙：万神庙

Beliefs and Temples of Ancient Rome: The
Pantheon

古罗马人早期的信仰深受古希腊的影响，认为每个神都主宰着自然界和人类生活的一个领域。朱比特（Jupiter）是主管太空的神和众神之王，玛尔斯（Mars）是战争之神、武士的保护神，维纳斯（Venus）是爱神，朱诺（Juno）是古代的太空女神和主管妇女、生育、婚嫁的神，维斯塔（Vesta）是家中的炉灶和家庭的保护神灶，凯瑞斯（Ceres）是谷物女神等。罗马的神灵几乎都来自希腊，只不过名称有些变化，例如与朱比特相对应的希腊神是宙斯（Zeus），与维纳斯相对应的希腊女神是阿芙洛狄忒（Aphrodite），与维斯塔相对应的希腊神是赫斯提亚（Hestia）等。[24] 上述各位神灵的庙宇在罗马帕拉蒂诺山丘上的古罗马广场内几乎均有一座。

罗马帝国时代，埃及的宗教影响到罗马人。早在罗马帝国初期就已经有人开始信奉埃及神，此后，各大城市相继建造伊西斯（Isis）神庙，古埃及神话中司掌生育和繁衍的女神伊西斯雕像和掌管阴间、生育和农业之神的欧西里斯雕像也在哈德良的豪华行宫中出现。奥古斯都大帝的改革并不能阻止罗马的宗教越来越集中在对罗马皇帝的崇拜，罗马皇帝死后都被神化了。

由于罗马人摧毁了耶路撒冷的犹太神庙，犹太人分散到世界各地，他们宣传以"世人皆兄弟"为核心的教义，这种宣传比希伯来预言家的预言更具影响力。尽管东方其他宗教也有诱人之处，希伯来传教士的宣传使人产生对崇高、美好生活的向往，体验到人与人之间的兄弟般情谊和全人类的爱。"一切劳苦大众和做牛做马者，到我这里来"，这种话的宣传力量远远超过罗马皇帝的命令，罗马帝国后期，皈依基督教的人越来越多。罗马帝国政府最初迫害基督徒，后来认识到已无力与基督教斗争，公元 311 年正式承认基督教的合法地位。

万神庙（Pantheon）的建造历史可追溯到公元前 27 年罗马共和国时期，该庙由

---

[24] James Henry Breasted. The conquest of civilization[M]. New York : Harper & Brothers Pub., 1926:501.

屋大维的副手玛尔库斯·阿格里巴（Marcus V. Agrippa, 公元前 63—前 12 年）设计。[25]
最初建造的万神庙在公元 80 年被大火焚毁，直到公元 125 年才由喜爱建筑的皇帝
哈德良下令重建，新万神庙柱廊的山花上刻有 "M·AGRIPPA·L·F·COS·TE
RTIUM·FECIT" 的字样，意思是 "卢修斯（Lucius）之子、在他的第三个执政官
任期建造"，这段文字让人们误以为柱廊是阿格里巴时期遗留下来的，直到 1892
年人们才发现柱廊所有的砖头印记（Brick-stamps）都标明是公元 127 年前后，可
以证实新的万神庙全部是哈德良在位时期修建的。[26]公元 609 年，晚期罗马帝国（或
称早期拜占庭帝国）的皇帝福卡斯（Phocas）将万神庙献给罗马教皇卜尼法斯四
世（Pope Boniface IV），后者将它更名为圣母与诸殉道者教堂（Santa Maria and
the Martyrs），这是今日万神庙的正式名称。万神庙的初建、扩建和改建的全过程
是古罗马时代信仰转变的见证。

古罗马早期的神庙均模仿古希腊神庙的制式，罗马万神庙则是一次创新。万
神庙的造型和结构均很简洁，主体呈圆形，顶部覆盖着一个直径达 43.3m 的穹顶，
穹顶的最高点也是 43.3m，顶部有一个直径 8.3m 的圆形采光孔洞（oculus），顶
部的光线是万神庙室内唯一的光源，顶光随太阳的移动而改变光线的角度，产生一
种神圣庄严的感觉。圆形采光孔洞同时也解决了神庙的自然通风问题，从圆形孔洞
落下的雨水可经地面下的排水系统排走，设计相当周密。仰视顶部圆形采光孔外围
有 5 环放射形方格图案，方格图形自外环向内环逐层缩小，产生一种向上的视觉，
引发对 "万神" 的敬仰。万神庙大理石地面也使用了方格图案，地面中部稍稍突
起，站在神庙中心向四周望去，地面上的格子图案会有变形的错觉，造成一种空间
扩大的视觉效果。万神庙入口前的门廊高大，门廊的柱式为科林斯式（Corinthian
columns），门廊宽 34m、深 15.5m，共有 16 根柱，每根柱都是由整块的花岗石
制成，柱高达 12.5m，柱础的直径为 1.43m。万神庙的屋顶全部由混凝土浇筑而成，
古罗马人用混凝土建造出如此巨大跨度的穹顶是一个奇迹，万神庙至今仍然是全世
界跨度最大的非钢筋混凝土的穹顶结构。古罗马人使用的混凝土选用天然火山灰，
同时混入凝灰岩等多种骨料，施工穹顶时，将比较重的骨料用在穹顶底部，随着施
工向穹顶上部进展，逐步选用比较轻的骨料，到顶部时使用最轻的骨料。此外，穹
顶的厚度也由下向上逐渐减薄，穹顶根部厚 6.4m, 顶部厚度仅 1.2m。

---

[25] 阿格里巴是屋大维的密友、女婿与大臣，他既是政治家、军事家也是建筑师。公元前 33 年，他当
选市政官或译为营造官 (aedilis)，他的建筑知识派上了很大用场，他在任内最著名的政绩是改善了罗
马城的市容，修复与建造输水道（aqueductum）、扩大与清理大下水道（Cloaca Maxima）以及规划
花园。屋大维成为奥古斯都后赞誉阿格里巴："交给他一座砖城，他留给我们一座大理石的城。"

[26] William L. MacDonald. The Pantheon: design, meaning, and progeny[M]. Cambridge, Mass.: Harvard
University Press, 2002:13.

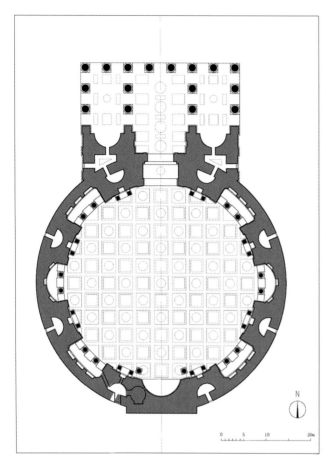

1.4-1　古罗马万神庙平面

　　万神庙的造型也不断被改变，13世纪后期，有人在门廊正中的上方增加过一个钟塔，17世纪后期吉安·洛伦索·贝尔尼尼（Gian Lorenzo Bernini, 1598 – 1680年）又改为在门廊上的两端增加双塔，1880年前后，双塔又被拆除。这种立面探讨对后世也颇有影响。文艺复兴时期，帕拉第奥（Palladio）设计的玛莎教堂（Maser chapel）便采用了双塔方案。因此，早期的一幅万神庙绘画具有双塔，曾被误解为帕拉第奥设计的玛莎教堂（Maser chapel）。[27]

　　古罗马的万神庙被誉为全世界的万神庙，这种评价不仅仅是从宗教角度，从建筑学角度也可以看到它对后世的深远影响。

[27] William L. MacDonald. The Pantheon: design, meaning, and progeny[M]. Cambridge, Mass.: Harvard University Press, 2002:18.

| 1.4-2 | 1.4-3 |
| 1.4-4 | |

1.4-2 古罗马万神庙与庙前的方尖碑

1.4-3 万神庙广场入口透视

1.4-4 万神庙入口透视

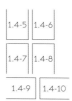

1.4-5 从侧面望万神庙门廊内部

1.4-6 在万神庙门廊内仰望屋顶

1.4-7 万神庙四周的墙基与挡土墙

1.4-8 万神庙外墙砌体的砖拱

1.4-9 万神庙门廊与神庙主体的交接

1.4-10 万神庙后侧的采光高窗

1.4-11	1.4-12
1.4-13	

1.4-11 万神庙外墙砌体的艺术效果似乎是博塔的构思来源

1.4-12 从万神庙门廊望神庙入口

1.4-13 万神庙室内透视

1.4-14　万神庙室内仰视屋顶
　　　　采光

1.4-15　万神庙室内细部处理

1.4-16　17世纪后期贝尔尼尼
　　　　在万神庙门廊上两端
　　　　增加双塔

1.4-17　文艺复兴时期帕拉第
　　　　奥设计的玛莎教堂也
　　　　采用了双塔方案

1.5 古罗马的公共浴场：古罗马时期重要的人际交往场所

Public Baths of Ancient Rome: The important interpersonal Communication Place in Ancient Roman Period

  古罗马的浴场是古罗马人生活中极为重要的公共活动场所，进入浴场是古罗马人日常生活的头等大事，并非夸张。当代人把洗浴视为生活中有利健康的私密行为，古罗马人不仅把洗浴视为卫生习惯，更重要的是他们把洗浴作为重要的人际交往活动。古罗马的浴场不仅有多种功能，规模大小也有变化，罗马帝国建造的浴场不仅功能完善、规模也很大，行省建造的浴场功能完善但规模相对较小，贵族在私人别墅中建造的浴池虽然规模相对较小，人际交往仍然是最重要的功能。典型的古罗马公共浴场的功能有一定的规律，进入浴场首先要经过更衣室（apodyterium or dressing room），更衣室内有壁龛、衣柜甚至附带一些小房间，洗浴的顾客要在更衣室脱去外衣和鞋，顾客的衣物由顾客的奴隶看守，没有奴隶的洗浴者的衣服由浴场服务人员看守，但需要付费。洗浴顾客脱去外衣后要进行健身活动，如轻微的举重（mild weight-lifting）、摔跤、打球、跑步或游泳，有些顾客在进行健身活动前还要更衣并且在身上涂油（oiling their bodies）。健身活动之后要用一种刮身板（strigil）刮去身上的污垢，刮身板是一种曲面的金属工具，然后再进行洗浴。进行洗浴要经过几种温度的洗浴室，一般分为温水浴室（tepidarium）、冷水浴室（frigidarium）和热水浴室（caldarium），洗浴池的水深一般到人体的腰部，顾客洗浴时由他的奴隶拿着沐浴的毛巾和物品。浴场还提供蒸汽浴和按摩，古罗马的蒸汽浴类似今日的土耳其浴或桑拿浴。古罗马的浴场内也有女浴池，女浴池在男浴池的旁边，规模相对较小。顾客洗浴后可以在浴场内宽敞的庭园中散步、在浴场内的图书馆看书，或者在浴场内观看演出，如杂技表演或独唱，也可以在浴场内的摊贩上购买快餐。

  据相关资料介绍，古罗马大型浴场的室内装修相当豪华，金碧辉煌，同时也相当吵闹。浴场内的供热系统很精巧，室内的地面架空，使锅炉（praefurnium or furnace）烧热的空气在架空地面下进行循环，古罗马浴场的供热方式有些像中国的热炕。古罗马的锅炉以木材为燃料，需要供热的房间布置在锅炉房附近。古罗马的浴场设有公共厕所，厕位是将大理石的座圈架在渠道上，而且使用的是冲水厕所（flush toilets）。厕位前还有一条浅水沟，供使用者自我清洗下身。浴场的用水通常来自附近的河流，或者专门建造的水道。古罗马的公共浴场根据规模和设施标准的不同收取费用，价格合理。在罗马帝国时期，公共浴场的开放时间一般从下午2：00开始，直到日落。今日在罗马城较为完整地保留了卡拉卡拉浴场（Baths of Caracalla）的遗址和戴克里先浴场（Thermae Diocletiani or Baths of Diocletian）的部分遗址。

卡拉卡拉浴场建于公元212~216年，是古罗马公共浴场保留最完整的一处遗址。[28] 卡拉卡拉浴场占地面积为25hm²，主体建筑长228m、宽116m、高38.5m，能同时容纳1600人洗浴。卡拉卡拉浴场是古罗马重要的休闲中心和人际交往中心，主体建筑的核心为55.7m×24m的冷水浴室冷水浴室屋顶由3个交叉拱顶（groin vaults）组成。此外，还有温水浴室、热水浴室，以及健身房和游泳池。主体建筑建在6m的高台上，下面是浴场的仓储、辅助用房和锅炉房。卡拉卡拉浴场主体建筑的东、西两侧沿着围墙布置图书馆，沿浴场北侧围墙布置商店，南侧沿围墙布置马尔奇安引水渠（Marcian Aqueduct）。卡拉卡拉浴场的总体布局和建筑设计均有明确的中轴线，严格对称，气势非凡，从建筑造型分析，更像是一座宫殿或政府机构，并非当代人想象中的公共浴场。

戴克里先浴场是古罗马最大的公共浴场，在罗马皇帝戴克里先统治时期由马克西米安（Maximian）提出，公元298年开始兴建。戴克里先禅位于君士坦提乌斯一世（Constantius I）后，戴克里先浴场于公元306年建成，是当时最大、最奢华的浴场。[29] 戴克里先浴场坐落在古罗马塞维安墙（Servian Wall）内罗马七山中最小的维米那勒山（Collis Viminalis）东北部的高地上，为维米那勒山、奎利那雷山和埃斯奎利诺山区域中的居民提供洗浴服务。浴场的供水来自公元2世纪建成的玛西亚水道（Aqua Marcia），由于浴场的建造，戴克里先下令又建造了一条新的水道，同时保证全市的供水。戴克里先浴场占地约13hm²，主体部分为中央大厅，作为冷水浴室，长280m、宽160m，估计可以容纳3000人。戴克里先浴场虽然建筑布局也有明显的中轴线，严格对称，但是使用功能与卡拉卡拉浴场有区别。戴克里先浴场突出了中央大厅的人际交往空间，中央大厅两侧还有对称的回廊内院，热水浴室与温水浴室相对较小，游泳区明显加大，戴克里先浴场的休闲特征更加

---

[28] 卡拉卡拉（Caracalla，公元188—217年）是罗马帝国后期皇帝，在古罗马城外建立了一座庞大的公共浴场，其遗址至今保留，被称为卡拉卡拉浴场。

[29] 马克西米安（Maximian，公元250—310年）于286年被戴克里先任命为罗马帝国副帝，公元305年与戴克里先一同退位，由君士坦提乌斯一世接任。

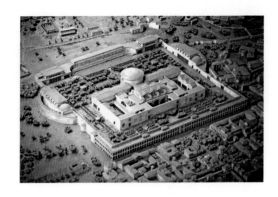

1.5-1　卡拉卡拉浴场复原模型

鲜明。

　　戴克里先浴场破坏较大，后人修建的城市道路甚至穿越戴克里先浴场遗址，今日戴克里先浴场仅保留下部分遗迹。1561 年，天主教皇教皇皮乌斯（Pope Pius）决定将中央大厅改建为天使圣玛丽亚教堂，同时又附建了一处修道院，此后又将一些浴室改建为贮存粮食的仓库。文艺复兴时期，米开朗琪罗（Michelangelo，公元 1475–1564 年）在戴克里先浴场东北侧的遗址上设计了一座平面为矩形的博物馆和一个正方形的花园，花园沿着浴场中轴线。博物馆的建筑面积并不大，珍藏古罗马文物，回廊环绕的正方形大花园令人印象深刻。米开朗琪罗设计的博物馆使我们有机会领略文艺复兴大师如何完成"新老结合"的建筑设计。1889 年以后，戴克里先浴场全部成为罗马国家博物馆，戴克里先浴场的部分遗迹也成为博物馆的展品。

　　我们今日在罗马城内很难欣赏到古罗马时代公共浴场的盛况，幸亏在英格兰西南郡的巴斯城（City of Bath）保留着古罗马的浴池，虽然浴场的规模与古罗马的浴场有相当的距离，但是巴斯城浴池的室内生活气氛总比古罗马遗迹要生动些。㉚

㉚ 英格兰曾经是罗马帝国的行省。巴斯城是古罗马时代始建的温泉城，巴斯城在中世纪变成了重要的毛纺织工业中心。18 世纪，乔治三世 (George III) 统治时期，吸取了文艺复兴时期帕拉第奥建筑风格的灵感，把巴斯城建成为新建筑和古代建筑风格相融合的优美城市。巴斯城的温泉浴成为旅游景点，1987 年被联合国教科文组织列入世界文化遗产名录。

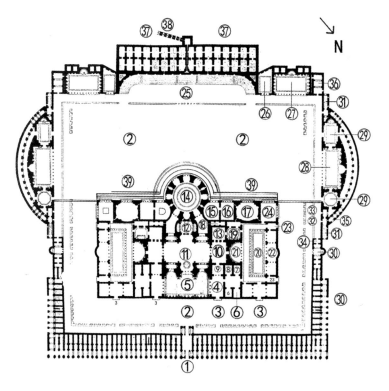

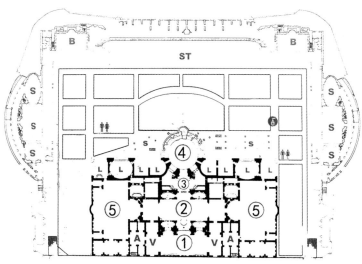

1.5-2 卡拉卡拉浴场总平面

1- 主入口；2- 大内院；3- 浴场入口；4- 冷水浴室门厅；5- 冷水浴池；6- 更衣室；7- 搏斗沙坑；8- 涂油室；9- 交谈厅；10- 观众厅；11- 温水浴大厅；12- 温水浴门厅；13- 洗浴服务内院；14- 热水浴池；15- 热水浴至温水浴过渡空间；16- 温水浴至冷水浴过渡空间；17- 竞技运动开敞大厅；18- 小温室；19- 蒸汽浴；20- 健身房；21- 学者用房；22- 初学者健身房；23- 次要入口；24- 私人冷水浴室；25- 训练跑步的空间；26- 开敞的健身房；27- 图书馆；28- 开敞的比赛馆；29- 学术讨论厅；30- 哲学家会议室；31- 楼梯；32- 门厅；33- 摔跤沙坑；34- 密特拉神庙；35- 门廊；36- 楼梯；37- 两层高的蓄水池；38- 高架渠；39- 夏日散步廊

1.5-3 卡拉卡拉浴场现状，黑色部分是保留下的遗迹

1- 游泳池；2- 冷水浴室；3- 温水浴室；4- 热水浴池；5- 健身房；A- 更衣室；B- 图书馆；V- 冷水浴室门厅；L- 蒸汽浴；S- 开敞的比赛馆；ST- 训练跑步的空间

1.5-4	
1.5-5	1.5-6
1.5-7	1.5-8

1.5-4 卡拉卡拉浴场遗迹全景

1.5-5 从绿地看卡拉卡拉浴场遗迹

1.5-6 卡拉卡拉浴场冷水浴室中心部分遗迹

1.5-7 卡拉卡拉浴场两层部分遗迹

1.5-8 卡拉卡拉浴场热水浴池遗迹

1.5-9	1.5-10	1.5-11
		1.5-12
1.5-13	1.5-14	

1.5-9 卡拉卡拉浴场的拱券与拱门

1.5-10 卡拉卡拉浴场的拱券与楼梯

1.5-11 卡拉卡拉浴场通向地下的出入口

1.5-12 卡拉卡拉浴场的地下通道现在是展厅

1.5-13 卡拉卡拉浴场的锦砖地面

1.5-14 卡拉卡拉浴场墙面绘画局部复原

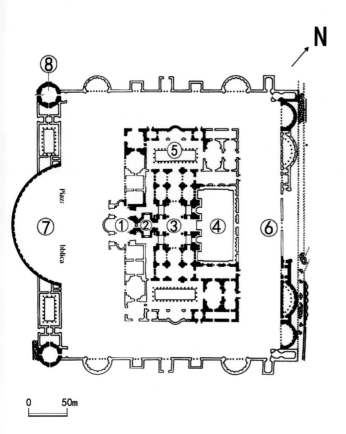

N

1.5-15

1.5-16

1.5-15 古罗马时代戴克里先浴场遗址平面
　　1热水浴池；2温水浴间；3冷水浴室；4游泳池；5环廊庭院健身场地；6主入口；7半圆形开敞式空间；8圆厅

1.5-16 文艺复兴时期戴克里先浴场平面，包括了米开朗琪罗在遗址上设计的博物馆（灰色网点区显示城市现状）
　　1热水浴池；2温水浴室；3天使圣玛丽亚教堂；4游泳池；5博物馆；
　　A共和广场；B圆厅（圣贝尔纳多小教堂）；C博物馆的正方形花园

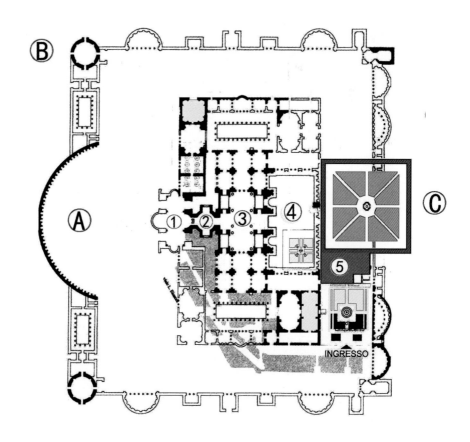

1.5-17	1.5-18
1.5-19	1.5-20
1.5-21	1.5-22

1.5-17 文艺复兴时期戴克里先浴场模型，包括了米开朗琪罗设计的博物馆

1.5-18 俯视戴克里先浴场遗址现状

1.5-19 古罗马时代戴克里先浴场的遗址，现已成为博物馆

1.5-20 戴克里先浴场的遗址展出的柱头和雕塑

1.5-21 戴克里先浴场遗址的大拱顶

1.5-22 戴克里先浴场的遗址片断

1.5-23
1.5-24

1.5-23 米开朗琪罗在戴克里先浴场东北侧遗址上设计的博物馆，它围合着一个正方形花园

1.5-24 米开朗琪罗为戴克里先浴场设计的文艺复兴式的入口

1.5-25 米开朗琪罗在戴克里先浴场遗址上设计的博物馆室内

1.5-26 英格兰西南郡巴斯城的古罗马浴场复原模型

1.5-27 英格兰西南郡巴斯城的古罗马浴场围廊

1.5-28 英格兰西南郡巴斯城的古罗马浴场

1.6 古罗马的露天剧场与竞技场
Amphitheatres and Colosseum of Ancient Rome

古罗马夺来的大量领土和财富使罗马人的生活奢靡、道德沦丧。早在西西里战争时，罗马人就从伊特拉斯坎人那里引进了一种野蛮的习俗，让死囚或奴隶互相格斗，直到一方被杀死为止，并以这种方式纪念去世的罗马大人物。这些参加格斗的人后来被称为"斗士"，斗士一词源于拉丁语"gladius"意思是"剑"。格斗的血腥表演满足了罗马人寻求刺激的需要。最初的角斗场地只是随意围出来的，后来修建出专门用于角斗的场地，并且有石头砌筑的固定座位。罗马人残酷的角斗从人与人的角斗发展到人与兽的角斗，他们认为希腊人喜爱的体育竞赛太温和了。

古罗马的竞技场（Coliseum or Colosseum）源于古希腊时期的露天剧场（amphitheater），例如古希腊雕塑家波利克里特斯（Polykleitos the Younger）于公元前 330 年设计的埃皮达鲁斯剧场（Epidauros Theater），平面呈半圆形，依山而建，观众席在山坡上，层层升起。古罗马时期，开始利用拱券结构将观众席架起来，并将两个半圆形的剧场对接，形成了圆形剧场，可以容纳更多的观众。

古罗马的大竞技场，也称斗兽场，位于古罗马广场东侧，是罗马帝国规模最大的一个椭圆形竞技场。竞技场长轴 188m、短轴 156m、外围墙周长 527m、墙高 48.5m。竞技场四周的观众席约有 60 排，观众席自下向上分为 5 区，最下面的前排是贵宾区，贵宾包括元老院的元老、长官、祭司等。第二区供贵族使用，第三区给富人使用，第四区由普通公民使用，最后一区全部是站席，留给低层妇女使用。竞技场共可容纳 5 万人。在观众席上方有悬索吊挂的天篷，用于遮阳。天篷向中间倾斜，便于通风。竞技场中央表演区的长轴 86m、短轴 54m。竞技场表演区舞台下的地下室（hypogeu）可以容纳角斗士、牲畜和储存道具，表演开始时再将他们吊起到地面上，地下室经过通道与竞技场外的多处养马场连接。1872 年法国学院派画家让·莱昂·热罗姆（Jean-Leon Gerome）的著名油画"角斗士"（Pollice Verso）显示出古罗马竞技场的角斗场面。

古罗马大竞技场的建造历经弗拉维王朝（Flavian dynasty）的 3 位皇帝，始建于公元 70 年弗拉维王朝的第一位皇帝韦斯帕西安执政期，建成于公元 80 年、该王朝第 2 位皇帝提图斯执政期，后经弗拉维王朝的图密善执政期修改，因此，古罗马大竞技场也称弗拉维竞技场（Flavian Amphitheater）。

1.6-1　古罗马大竞技场透视

古罗马的图密善竞技场（Stadium of Domitian）位于古罗马城外战神场区（Field of Mars）北侧，是弗拉维王朝图密善皇帝于公元 86 年下令建造的，作为健身竞赛场地赠给罗马人民的礼物。图密善竞技场参照古希腊运动场的制式设计，预计可容纳观众 15000~20000 人，竞技场地长度为 200~250m。图密善竞技场建成后，大部分时间作为运动竞赛，公元 217 年，罗马竞技场发生火灾后，图密善竞技场一度改为格斗场。15 世纪末，图密善竞技场改建为市民广场，更名为纳沃纳广场（Piazza Navona）。纳沃纳广场以巴洛克建筑艺术著称，公元 1651 年，济安·劳伦佐·贝尼尼（Gian Lorenzo Bernini）在广场中间设计了著名的四河喷泉（Fountain of the Four Rivers），喷泉顶上的方尖碑是从古罗马城的马克森提乌斯广场（Circus of Maxentius）移过来的，把埃及的方尖碑与巴洛克雕塑结合在一起似乎是大胆的创作。③

---

③ 马克森提乌斯广场是罗马帝国皇帝马克森提乌斯（Marcus Aurelius Valerius Maxentius，278—312 AD）建立的，马克森提乌斯是与戴克里先共同执政的马克西米安的儿子，马克森提乌斯广场曾经用于就职典礼和葬礼仪式。

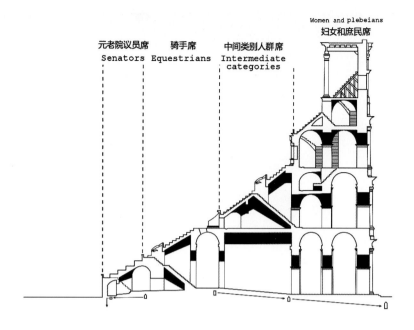

元老院议员席　　骑手席　　中间类别人群席
Senators　Equestrians　Intermediate
categories

Women and plebeians
妇女和庶民席

1.6-2　古罗马竞技场观众席剖面示意

1.6-3　法国学院派画家让·莱昂·热罗姆的著名油画"角斗士"
　　　显示古罗马竞技场角斗场面

1.6-4　古罗马竞技场表演区舞台下的地下室可以容纳角斗士、牲畜和道具

1.6-5　仰视古罗马竞技场入口

1.6-6　古罗马竞技场观众席间的连廊

1.6-7　古罗马竞技场表演区舞台下

1.6-8 古罗马竞技场观众席

1.6-9 古罗马竞技场观众席的混凝土板

1.6-10 古罗马竞技场观众席下的通道

1.6-11 古罗马竞技场观众席下的拱门

1.6-12 古罗马竞技场石块砌筑的拱门

1.6-13 古罗马图密善竞技场复原示意图

1.6-14 古罗马图密善竞技场今日已改为纳沃纳广场

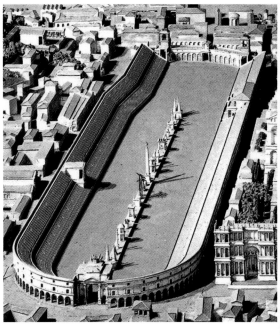

1.7　古罗马的市场：图拉真市场

Market of Ancient Rome: The Market of Trajan

古罗马的图拉真市场不仅是图拉真建筑群中最大的亮点，也是人类历史上最早的大型购物中心。造型丰富的图拉真市场建在图拉真广场东北方向、古罗马七丘之一的奎利那雷山的山坡上，图拉真市场半圆形的弧面成功地围合了图拉真广场空间。从远处望图拉真市场似乎是一幢 5 层的建筑物，实际上图拉真市场是建在坡地上的两幢建筑。图拉真市场前面的一幢建筑物是 8m 高、约 32m 长的市场大厅，市场大厅屋顶结构为 6 个连续的双向混凝土拱顶（groin concrete vault），每个双向拱的 4 脚架在大厅两侧砖砌的柱墩上，双向拱两侧拱下的半圆空隙可以采光和通风。图拉真市场大厅后面的建筑物是一幢多层的市场，多层市场大部分为 3 层、局部 6 层，多层市场的首层地面比市场大厅地面高 5m，图拉真市场共计可容纳 150 个以上的店铺。图拉真市场两幢建筑物之间是一条颇有情趣的曲折小街，小街的地坪高出市场大厅的室内地面，这条小街被古罗马人称为杂货街或胡椒街（Via Biberatica or Pepper Street），因为图拉真市场供应的主要商品是食品，胡椒似乎是古罗马人食品中不可缺少的东西。图拉真市场不仅在古罗马时代是市民活动的焦点，在以后的年代中也始终是罗马城市民活动的焦点之一。[32]图拉真市场约建于公元 100-110 年，是来自大马士革的建筑师阿波罗多罗斯（Apollodorus of Damascus）的杰作，"巧于因借"、"勇于创新"的设计构思令人赞赏，图拉真市场是古罗马最精彩的作品之一。

图拉真市场后面还有一座平面接近正方形的民兵塔（Torre delle Milizie），民兵塔丰富了图拉真市场的造型。这座民兵塔始建于尼禄时代，据说尼禄在塔上登高瞭望罗马全城大火，后人戏称之为"尼禄塔"。中世纪的民兵塔与图拉真市场不仅成为防御工事，而且具有战略意义，来自卢森堡的神圣罗马帝国皇帝亨利七世（Henry VII of Luxembourg）的加冕礼也曾在此举行。

---

[32] Nancy H. Ramage and Andrew Ramage. Roman Art: Romulus to Constantine[M]. New Jersey: Prentice Hall, Inc., 1996:165-168.

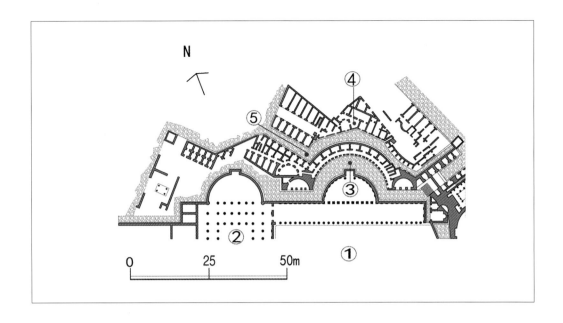

1.7-1 图拉真市场平面

1- 图拉真广场；2- 乌尔比亚大厅；3- 图拉真市场大厅；4- 图拉真多层市场；5- 图拉真市场杂货街

1.7-2 从图拉真广场望图拉真市场与民兵塔

1.7-3	1.7-4
1.7-5	1.7-6

1.7-3 俯视图拉真市场的周边环境

1.7-4 图拉真市场后面的民兵塔

1.7-5 图拉真市场内的小街

1.7-6 图拉真市场小街两侧原为杂货店

1.7-7	1.7-8
1.7-9	1.7-10
1.7-11	

1.7-7 俯视图拉真市场前的半圆广
场与图拉真广场和图拉真柱

1.7-8 俯视图拉真市场内的小街

1.7-9 图拉真市场大厅屋顶结构为
连续的双向混凝土拱顶

1.7-10 图拉真市场大厅屋顶采光

1.7-11 图拉真市场大厅屋顶结构

1.7-12　仰视图拉真市场大厅屋顶结构的连续双向混凝土拱顶

1.7-13 图拉真市场前的半圆
广场

1.7-14 图拉真市场大厅的 2
层柱廊

1.7-15 从图拉真市场二层望
图拉真柱

1.8 古罗马的建筑技术与市政工程

Architectural engineering and Technology of
Ancient Rome: Concrete, Arch, Vault, Dome
and Aqueduct

　　古罗马不仅继承了古希腊的建筑技术，而且进一步创新，在罗马帝国时期达到了奴隶制时代建筑技术的顶峰。古罗马在建筑技术上最重要的贡献就是发明和推广了混凝土（Concrete）、一种新型建筑材料，并且创造了拱券（arch）、拱顶（vault）和穹顶（dome）3种结构类型。新型建材和新型结构不仅改变了建筑物的外观，也塑造了前所未有的室内空间，甚至影响了居民的生活方式，改善了城市的基础设施。混凝土、拱券和穹顶的发明已经超出单纯的建筑技术范畴，它具有重大的历史意义。

　　位于亚平宁半岛的古罗马经常受到地震的威胁，建筑物不仅要坚固，而且要抗震，因此，古埃及和古希腊的简单梁柱体系就显得相对薄弱，不能适应抗震。早期居住在亚平宁半岛的伊特鲁里亚人为了安全而牺牲了实用性，他们将墙壁建造得非常厚实，但是内部空间既狭窄又封闭。而古罗马人则在结构力学和建筑材料上取得突破，利用拱券和穹顶创造出宽敞的内部空间。此外，亚平宁半岛也经常有火山爆发，古罗马人利用火山灰、石灰、砂和碎石构成的天然混凝土（拉丁语：opus caementitium），又称"罗马混凝土"（Roman concrete）建造穹顶结构，从而将地理位置劣势转化为建筑技术优势。

　　古代罗马人在城市供水工程方面成就更为突出，从公元前312－公元226年的500余年中，罗马城先后修建了11条大型输水道（Aqueduct）。供水系统的水源是罗马城周围的河流、湖泊和泉水，有些水源距离较远，如公元前144年建成的梅西亚输水道长达62km。罗马人把水先贮存在城市周围200多个大大小小的水库和池塘中，然后通过输水道从不同的高度进入罗马城，满足城市用水需要，不仅供给必要的生活用水，还要为公共浴室和公共喷泉供水。输水道除常规渠道外，许多地方还采用了虹吸管、隧洞和连拱支撑的石质渡槽。公元109年修建的图拉真水道的最高处距地面达33m。砖砌或石砌渠道一般宽0.3~1.5m，高0.6~3.0m，渠顶有盖板，以防渠水受到污染，每隔75m左右设有通风口和检查孔。古罗马帝国境内有许多输水道，有些至今还可找到遗迹，如法国南部加尔省的

1.8-1 古罗马市内的输水道

1.8-2 法国南部的古罗马蓬迪加尔输水道

蓬迪加尔输水道（Pont du Gard）和西班牙境内的塞哥维亚输水道（Segovia and its Aqueduct），是 2 层或 3 层的石拱结构支撑着的水渠。在现代人看来，所有的城镇和住房都必须有良好的供水系统，2000 年前的古罗马人有着同样的想法，每建造一座新城市，古罗马人都建造水渠，引水供应城市。蓬迪加尔输水道长约 50km，建于公元前夕，横跨加德河，这座输水道共 3 层，高约 50m，最长的地方为 275m，设计这座桥的罗马建筑师和水利工程师创造了一项技术和艺术相结合的杰作。

2015 年我在访问土耳其的伊斯坦布耳期间，看到了瓦伦斯输水道（Valens Aqueduct）或称瓦伦斯水道桥，瓦伦斯输水道可能是最完整的古罗马输水道之一，在土耳其语里也被称为"灰鹰水道桥"。瓦伦斯输水道是东罗马皇帝瓦伦斯（Valens）在于公元 4 世纪后期建造的，奥斯曼帝国时期又重新修建。[33] 瓦伦斯输水道总长约 921m，石料砌筑，成为当时世界上最长的供水系统，整个系统包含许多分支，瓦伦斯水道桥只是其中之一，是专为东罗马帝国首都君士坦丁堡（今日的伊斯坦布耳）提供用水的输水道，君士坦丁堡的水曾经贮藏于 3 个露天水库和 100 多个地下蓄水池中。

---

[33] 古罗马皇帝戴克里先为了便于管理，在公元 284 年将罗马帝国分为东西两部。"东罗马帝国"或称拜占庭帝国（Byzantine Empire），以巴尔干半岛为中心，领属包括小亚细亚、叙利亚、巴勒斯坦、埃及以及美索不达米亚和南高加索的一部分，被认为是第一位东罗马皇帝的君士坦丁大帝将首都迁至原希腊城市拜占庭，并更名为君士坦丁堡。拜占庭帝国本身由始至终将自己视为罗马帝国的合法延续。

1.8-3	1.8-4
1.8-5	1.8-6

1.8-3 古罗马伊比利亚省的输水道

1.8-4 古罗马在伊斯坦布耳境内建
造的瓦伦斯输水道

1.8-5 瓦伦斯输水道透视

1.8-6 伊斯坦布耳境内的瓦伦斯输
水道石墩细部

1.9 古罗马的雕刻、绘画与镶嵌画

Sculptures，Paintings and Mosaics of Ancient Rome

古罗马的雕刻和绘画是在古希腊的艺术影响下发展起来的，人们最初认为古罗马的雕刻和绘画仅仅是对希腊艺术的模仿，深入研究之后，发现古罗马的雕刻和绘画是高度创造性的模仿，它不仅模仿希腊的艺术，也吸收了伊特拉斯坎的艺术，甚至古埃及的艺术。古希腊人把雕刻和绘画视为高尚的艺术品，艺术家受到社会的高度尊敬，古罗马的雕刻和绘画较多的是实用主义的作品，甚至是炫耀地位和财富的作品，大部分作品均没有作者的署名，实用主义的突出表现之一是与建筑物的紧密结合，作为建筑物的室内装饰。

伊特拉斯坎现实主义的青铜器头像《布鲁图斯》(Brutus)制作于公元前 300 年，高 31.8cm，目光炯炯，气概非凡。鉴赏家们普遍认为这座雕很像人们想象中的罗马共和国的第一任执政官卢修斯·朱尼厄斯·布鲁图斯，故而将雕像命名《布鲁图斯》，其实并无确切依据，雕像人物的真实姓名不详，《布鲁图斯》雕像现藏于罗马的卡比托利欧博物馆。古罗马的人物雕像非常重视写实，公元前 1 世纪的一个 "大理石老人头像" 生动地刻画出面部的肌肉，令人赞赏，这位老人可能是一位祭司或族长，老人头像没有肩部是伊特拉斯坎雕像作品的传统。

古罗马的雕塑表现写实的方式以及对细节的夸张都有创新，特别是帝王的雕像，不仅刻画出个性，又有理想化的处理。进入罗马帝国时期，罗马肖像雕刻达到最高峰，帝王雕像不仅非常精美，而且被塑成神化，本书第一章介绍的《奥古斯都雕像》最为明显，似乎正在指挥千军万马征服四方，胸甲上饰满寓意性的浮雕，脚边增加小爱神，突显出皇帝的高大与威严。把奥古斯都神化的另一种作法是把他雕塑成祭司的形象，公元 1 世纪完成的一座高 2.08m 的奥古斯都大理石雕像便是如此，头部和身躯分开雕塑。后人把这种将皇帝神化的雕像以及恢宏的浮雕称为 "奥古斯都风格"。古罗马纪念性建筑物的雕塑也是写实主义的作品，公元前 9 世纪，为庆祝奥古斯都给帝国带来的和平，在罗马建立了一座奥古斯都和平祭坛（ Ara Pacis Augustae ），祭坛东侧的大理石浮雕 "大地母亲"（ Tellus or Mother Earth ）高 1.6m，不仅雕刻细腻，而且非常人性化。大地母亲是一位身材高大丰满的女神，象征大地的肥沃和丰产，女神两侧的仙女象征空气和水，这幅浮雕寓言奥古斯都的和平，本书第一章第三节已经详细介绍过，和平祭坛在历史上首次体现了纪念性建筑物为政治服务。罗马城内的图拉真凯旋柱和安敦宁·毕尤凯旋柱（Triumphal column of Antoninus Pius）上的浮雕也都是写实主义的作品，安敦宁·毕尤凯旋柱基座上的罗马军人和骑士的形象极为逼真，这幅大理石浮雕创作于公元 161 年，高 2.47m，藏于梵蒂冈博物馆。哈德良执政时期（公元 117－138 年），由于他酷爱希腊艺术，罗马帝国各地立起希腊风格的雕像，在著名的哈德良别墅中更有希腊风格的雕塑精品，哈德良别墅纪念园中的女像柱被认为是模仿古希腊雅典卫城中厄瑞克忒翁神庙女像柱廊的作品。

波特兰花瓶（The Portland Vase）是古罗马有名的艺术品之一。花瓶为罗马宝石玻璃瓶（Roman cameo glass vase），带有紫光的深蓝色（violet-blue），并具有白色浮雕，高约 25cm，制作于公元 1 世纪初期。这件艺术品几经易手，18 世纪后期转到波特兰公爵家中。1945 年，第七代波特兰公爵（7th Duke of Portland）将花瓶卖给伦敦的不列颠博物馆（British Museum），因此，花瓶便以波特兰命名。花瓶的白色浮雕非常精细，浮雕中的 7 个人物组成两个场景，专家们对场景有两种解读：神话故事或是描绘奥古斯都家中的故事。本书展示的图片是按照后者的解读，图中苦思的女人是奥古斯都的姐姐小屋大薇（Octavia Minor），左侧是奥古斯都，右侧是维纳斯。

古罗马的绘画作品很少能保存至今，幸存的绘画作品是被维苏威火山灰掩埋过的城市中的壁画，保存下来的壁画虽然较少是精品或极具创造性的作品，但是这些作品真实地反映了当时多数人的信仰、爱好、社会生活和审美水准。一幅名为"博斯科特雷卡塞"（Boscotrecase）的风景壁画有一定代表性，虽然绘画水准并不很高，尺度、光影和质感都不够准确，构图也不理想，但是透视感明显，仅此一点似乎超越了古希腊的风景画，比后人用数学方法绘制透视图提早 1500 年，突显了绘画在室内装饰中的作用。[34]

"倒香水的女人"（Woman pouring perfume）是法尔内西纳别墅（Villa Farnesina，Rome）的一幅壁画，制作于公元前 20 年，现藏于罗马国家博物馆。"倒香水的女人"画的是女人的侧面形象，神态逼真，据说这幅画令人联想到公元前 5 世纪某个希腊花瓶上的绘画作品。"新婚夫妇"（A newly wed couple）是在庞贝发现的一幅著名的壁画，制作于公元 1 世纪，高 64.6cm，现藏于那不勒斯的国家考古博物馆（Museo Archeologico Nazionale）。壁画中的女方手中拿着蜡板（Wax tablet）和一支笔，男方手中拿着一卷羊皮纸（a roll of parchment），虽然

---

[34] "博斯科特雷卡塞"（Boscotrecase）是奥古斯塔别墅（Villa of Augusta）中的一幅壁画，奥古斯塔别墅靠近那不勒斯，也被火山灰掩埋，壁画现藏于那不勒斯国家考古博物馆。

二人的具体身份不详，但是可以说明他们是中产阶层，手中拿着的东西是某种证件。此外，这幅绘画也说明了妇女的解放，在古罗马似乎是不寻常是的情况。在庞贝发现的"静物"虽然是一幅很平常的壁画，但是它展示了古罗马画家对物体的敏感性和表现技巧。古罗马正规的绘画作品没有保留下来，也没有知名的画家，壁画的作者更无法得知，但是这些壁画作者默默无闻的敬业精神令人钦佩。

古罗马住宅中的壁画较多是描绘神话故事，表现方式有些程式化。庞贝的马库斯·卢克莱修额之家（Casa di Marcus Lucretius Fronto）中有一幅壁画名为"战神马尔斯与维纳斯的喜事"，画中左侧是马尔斯与维纳斯，中间是小爱神，表现类似题材的壁画很多，这幅画的表现方式相对文雅。在庞贝的悲剧诗人之家（Casa del Poete Tragico or House of the Tragic Poe）客厅中有一幅名为"伊菲吉妮娅的牺牲"（Sacrifice of Iphigenia）的经典名画，描绘古希腊著名神话故事，伊菲吉妮娅是希腊联军司令官阿伽门农（Agamemnon）最心爱的女儿，不幸被阿伽门农把她当作对神的祭祀品，当时，罗马神话中掌管狩猎和保护青年男女的狄安娜女神从天上送来可以作为祭品的鹿。悲剧诗人之家也因"伊菲吉妮娅的牺牲"引起学者们的关注，有人还把悲剧诗人之家称为伊菲吉妮娅之家，此画现藏于那不勒斯的国家考古博物馆。古罗马住宅壁画中最出名的当属秘仪山庄的"秘仪壁画"。秘仪山庄是庞贝近郊的一幢别墅，秘仪壁画表达与酒神有关的宗教仪礼，壁画中的人物尺度与真人一致，壁画水平方向长 17m，按照仪礼情节壁画可分为 10 幅，这里展示的仅是其中的一幅，名为"鞭笞后的少女和裸体狂舞的少女"，本书第 5 章将全面介绍这 10 幅壁画。

古罗马的陶瓷锦砖镶嵌画也称马赛克镶嵌画（Mosaic），是古罗马绘画艺术的重要表现形式之一，它不仅用于公共建筑，也普及到居住建筑，在庞贝遗址的住宅中许多贵族家庭，甚至中产家庭的地面也都以镶嵌画作为装饰。[35]在罗马国家博物馆墙面上展出的许多镶嵌画，其实大部分都是铺在地面上的，想到这些总觉得有些惋惜。

"当心家犬"是一幅在庞贝很流行的、铺在入口门厅地面上的镶嵌画，既美观又实用，避免了家犬伤人。家犬的形象生动，透视感很强。演出悲剧时演员佩戴的面具也经常是镶嵌画的题材，在哈德良别墅中发现的镶嵌画描绘了两副演员面具，可以表达怪诞戏曲的剧情。在意大利西西里岛上的罗马别墅中有一幅著名的镶嵌画，少女身穿的比基尼是她们的运动服装，比今日的比基尼泳装提前了 2000 年。"巡

㉟ 镶嵌画（mosaics）是用镶嵌工艺以嵌镶物（tessera）拼成有人物或其他物体形象的画面，镶嵌物以大理石、玻璃，甚至是一些珍贵的材料为原料，制成片状小瓷砖。最早发现的镶嵌画碎片据说在美索不达米亚，青铜器时代在希腊梯林斯发现水晶石片的镶嵌画，镶嵌画在罗马帝国时期被广泛应用。

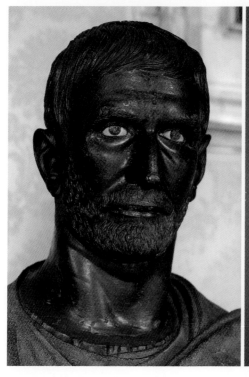

1.9-1 青铜器头像《布鲁图斯》

1.9-2 "大理石老人头像"

回演出的喜剧团"是在庞贝的西塞罗别墅（Cicero's Villa）发现的镶嵌画，古希腊的戏剧以悲剧为主，同时也重视喜剧，"巡回演出的喜剧团" 镶嵌画生动地展现了民间剧团的演员形象，"巡回演出的喜剧团"镶嵌画现珍藏于那不勒斯博物馆。

庞贝农牧神之家地面上的著名镶嵌画"亚力山大与波斯国王大流士之战"（Alexander fighting the Persian king Darius III of Persia）或称亚力山大镶嵌画（Alexander Mosaic），是古罗马最宏伟的一幅镶嵌画，镶嵌画的尺寸为2.72m×5.13m，这幅镶嵌画是以希腊化初期来自埃雷特里亚的画家菲洛赛诺斯（Philoxenos of Eretria）的绘画作品为蓝本，构思恢宏、匠意惊人，显示作者对光线和明暗的表达有深刻的理解，镶嵌画用了100多万片彩色陶瓷锦砖拼贴而成，部分已被损毁，现已被剥移到那不勒的国家考古博物馆收藏。

古罗马对建筑美学（The Aesthetics of Architecture）的重大贡献是确立方、圆为建筑艺术构图的基本元素，突出表现在城市规划、公共建筑物的造型和平面设计，甚至细部装修。万神庙是显示古罗马建筑美学的范例，哈德良别墅则是另一处更加全面的建筑群典范，也是雕刻、建筑和水环境互相融合的典范。方、圆作为建筑美学的基本元素，不仅在文艺复兴时期得到充分发挥，在20世纪现代建筑运动中也得到充分的肯定。

1.9-3	1.9-4
1.9-5	
	1.9-6

1.9-3 祭司形象的奥古斯都头部

1.9-4 安敦宁·毕尤凯旋柱基座上的罗马军人和
骑士

1.9-5 哈德里安别墅中的女像柱

1.9-6 波特兰花瓶，罗马宝石玻璃制品

1.9-7 "博斯科特雷卡塞"风景壁画

1.9-8 倒香水的女人

| 1.9-9 | 1.9-10 |
| 1.9-11 | 1.9-12 |

1.9-9 "新婚夫妇"壁画

1.9-10 "静物"壁画

1.9-11 "战神马尔斯与维纳斯的喜事"壁画

1.9-12 "伊菲吉妮娅的牺牲"壁画

1.9-13 秘仪山庄壁画片断"鞭笞后的少女和裸体狂舞的少女"

1.9-14 "当心家犬"镶嵌画

1.9-15 悲剧人物佩戴的面具镶嵌画

1.9-16 身穿比基尼的少女镶嵌画

1.9-17

1.9-18	1.9-19

1.9-17 "巡回演出的喜剧团"镶嵌画

1.9-18 著名镶嵌画——亚力山大与大流士之战

1.9-19 著名镶嵌画——亚力山大与大流士之战片断详图

2 古罗马有特色的王宫：哈德良别墅的创造性

The distinguished Palace of Ancient Rome: The Creation of Hadrian's Villa

哈德良是古罗马皇帝中最有文化修养的一位，他祖籍为西班牙南部城镇意大利卡（Italica），他的表叔是图拉真，公元 91 年，图拉真担任执政官，哈德良开始成为罗马元老院议员，此后，曾担任过平民保民官和执政官。公元 100 年，哈德良与图拉真的侄孙女维比娅·萨比娜（Vibia Sabina）结婚，117 年，罗马皇帝图拉真逝世前将哈德良收为养子，图拉真逝世后哈德良继承了王位。哈德良于公元 118-133 年在距罗马城 29km 的蒂沃利（Tivoli）建造了一处王宫、一座花园式王宫，王宫占地约 18km²。[36]哈德良王宫的建筑物随地形起伏布置，在设计中运用希腊建筑遗产中的最佳元素进行创作，是一组卓越的古典建筑群。哈德良王宫经常被误解为皇帝的行宫，是皇帝偶尔去度假的地方，因此称其为哈德良别墅（Hadrian's Villa），实际上哈德良别墅是哈德良在位时永久性的居住、办公场所。哈德良别墅于 1999 年被联合国教育科学文化组织列入世界文化遗产名录。本书沿用了世界文化遗产名录的名称，仍然称其为"别墅"。

哈德良别墅建造的场地原为哈德良的妻子维比娅·萨比娜的地产，罗马帝国进入第二个百年和平后，皇家的住处均迁出首都，寻求更舒适的建筑环境。哈德良别墅的总体布局根据功能要求，自北向南可分成 4 区，第 1 区在北端，地形起伏较大，现存的维纳斯神庙（Tempio di Venere）、希腊式剧场（Teatro Greco）和体育馆（Gymnasium）遗址均结合地形布置，希腊式剧场为半圆形平面，直径 36m；维纳斯神庙平面为圆形，坐落在半圆形底座上。哈德良别墅的第 2 区是别墅的主体，由王宫（Palazzo）、冬宫（Palais d'Hiver or Winter Palace）、图书馆及其庭院（Cortile Delle Biblioteche）、岛式寝宫（Island Villa or Teatro Marittimo）、御用日光浴室（Heliocaminus）与王宫接待用房（Hospitalia）等组成，有人认为王宫接待用房是王宫护卫的营房。哈德良别墅的第 3 区是王宫的公共活动区，布置在王宫的西南方向，与王宫联系密切，第 3 区包括雄伟双廊（Pecile or Double portico）及其庭院、黄金广场（Piazza d'Oro）和大、小浴场（Thermae）、百室建筑（Cento Camerelle）等。哈德良别墅的第 4 区在别墅的最南端，第 4 区包括以卡诺普（Canopus）水池为中心的纪念园，以及南端的学术研究院（Accademia）和罗卡布鲁纳塔（Rocca Bruna）等。此外，哈德良别墅中的地下通道（Cryptoporticus）也很有特色，地下通道有良好的通风和采光，它可以解决交通问题，据说地下通道也是哈德良夏季乘凉散步的地方。地下通道也可以作为博物馆和仓库，考古工作者于 2013 年还发掘出埋深 5m 的地下通道。哈德良别墅分两期建设，首期建设约在公元 118-123 年，第二期建设约在公元 125-133 年，首期建造的是第 2 区的王宫、岛式寝宫、图书馆、御用日光浴室与第 3 区的雄伟双廊和大浴场等，很有章法。

---

[36] 摘自：简明不列颠百科全书（卷 3）[M]. 北京：中国大百科全书出版社，1986:577.

哈德良别墅的设计构思与当时的一般王宫完全不同，别墅内的居住部分并不大，公共活动的部分却很多，园林部分尤为突出，远远超过古代一般王宫的制式，哈德良别墅的主要功能是为了办公和接待客人，因此公共活动部分的建筑尺度很大，显示皇宫的雄伟。哈德良别墅的总体布局似乎很随意，实际上很有章法，建筑布局因地制宜，不受严格的轴线控制，建筑造型以方形、圆形为基本元素，哈德良别墅似乎还充分考虑到远期发展和建筑物使用的灵活性，因此，后人对别墅内许多建筑物的功能常有不同的解读。

哈德良多才多艺，他既是哲学和文学家，也是音乐家、建筑师、画家和青铜器、大理石的雕塑家。徒步旅行与建造房屋是哈德良最大的爱好，他走遍罗马帝国各地，所到之处，他都要建造神庙、浴场和剧院。他在一切工作中都强调创造性，对待建筑设计更是如此，哈德良别墅是他在艺术创作上的集中体现。[37]哈德良别墅的建筑设计曾经受到当时著名建筑师阿波罗多洛斯的讽刺，或许是因为阿德良与众不同的创意使阿波罗多洛斯不能理解。[38]

哈德良别墅的主入口设在东北角，靠近王宫及其接待用房，既不隐蔽，也不雄伟。根据地形的特点，哈德良在别墅的西北角布置希腊式剧场和维纳斯神庙，规模也都不大。王宫接待用房的西南方向有一个较大的庭院，称为图书馆庭院。哈德良的图书馆布置在图书馆庭院的西北方向，哈德良的王宫布置在图书馆庭院的南侧。王宫中心是个广场，王宫广场的东北方向是一排较小的房间，东北角落有一座纪念性宫殿（Palace Nymphaeum）亦称罗马厅，既壮观又有变化。罗马厅平面采用对称布局，沿着中轴线有两个对称的圆水池和一个较大的半圆水池。罗马厅的西侧是多立克柱厅（Pilastri Dorici），罗马厅和多立克柱厅的对面是王宫的餐厅。王宫是哈德良别墅最早建成的一组建筑群，功能相对完善。冬宫是哈德良早期的寝宫，冬宫布置在王宫的南侧，冬宫的东侧有一个尺度很大的养鱼池。王宫的西南方向另有一组建筑物，名为黄金广场（Piazza d'Oro），考古人员曾在这里意外地发现过大量财宝和艺术品，因而得名。黄金广场最大的特点是室外装修按照室内要求，例如广场地面全部为大理石。黄金广场两端柱廊围合的空间独具一格，似乎对后世的巴洛克风格有一定的影响。

哈德良别墅内有多处别具一格的建筑物，岛式别墅（Island Villa）是阿德良别

㊲ Leonardo B. Dal Maso and Roberto Vighi. Tivoli – Hadrian's Villa Subiaco – Aniene Valley[M]. Florence: Bonechi Edizioni, 1999:23–26.
㊳ 阿波罗多洛斯（Apollodorus of Damascus）是曾受到罗马帝国皇帝图拉真重用的希腊建筑师，由于多次嘲笑哈德良的建筑设计得罪哈德良，因而被放逐，之后，又因莫须有的罪名而被处死。摘自Chiara Morselli. Guide with Reconstructions of Villa Adriana and Villa d'Este: Past and Present[M].Roma: Vision S.R.L.,1995:7.

墅内最突出的范例，也是首期建造的项目，这幢建筑物曾被称为"水上剧场"（Teatro Marittimo），实际上应当是哈德良的寝宫、或许是夏宫。㊴岛式寝宫平面为圆形，四周高墙围合，与外界隔离，高墙内有一道环状通道，环状通道与圆形寝宫之间又有一道环状水渠，水渠两侧是爱奥尼式柱廊。岛式寝宫内的平面布局沿 XY 两个方向对称，中心是个四面向内凹曲的小庭院，岛式寝宫的房间尺度相对较小，功能似乎很全，岛式寝宫应当是哈德良的私密住所，绝对安全，难得哈德良有此奇思妙想。从总体布局分析，岛式寝宫犹如一个纽带，它把王宫和它的公共活动空间有机地组合为整体。

岛式别墅南侧有一座体型较为复杂的御用日光浴室（Heliocaminus Bath or solar Heater），约建于公元 118-125 年，建筑物朝向西南，为了下午获得较多的阳光，从岛式别墅经过一条长廊再进入哈德良私人使用的日光浴室，浴室内的冷水浴室连接着一个内院。圆形的日光浴室是哈德良私人健身的重点项目。穹顶的中心有圆形开口，西南方向有大面积的开窗，日光浴室不仅日照良好，供暖和给排水设备也相当完善。日光浴室采用桑拿浴或土耳其式的蒸汽浴，也是古罗马的保健医疗项目。日光浴室内的其他房间为辅助用房，功能灵活。

雄伟双廊（Pecile or Double portico）是哈德良别墅首期建造的、很有创意的工程。雄伟双廊是一条长廊，而且是高约 9m 的双层柱廊，与众不同之处在于柱廊中间有一道高墙，高墙将柱廊一分为二，形成独具一格的双廊。双廊在廊道东、西尽端的半圆形休息厅处相连，在高墙两侧的柱廊内只能分别向南、北两侧观景。双廊东侧有一个楼梯，楼梯与岛式寝宫相通。雄伟双廊绝妙之处在于柱廊不仅可以遮雨，而且适用于不同季节的特殊需要，夏季躲避日晒，可以在廊墙北侧的柱廊内观景；冬季争取阳光，可以在廊墙南侧的柱廊内取暖，构思合理。㊵雄伟双廊南侧是一座尺度巨大的庭院（Pecile），庭院长 230m、宽 96m，庭院中有一座中心大水池，进入庭院须从北侧穿越雄伟双廊中部的拱门。雄伟双廊庭院的东南角有一组名为"3个半圆形组合的建筑物"（Tre Esedre or Building with Three Exedras），建筑物的入口在东侧，建筑物的中心是一个矩形方厅，方厅的东、南、西 3 侧均有柱廊围合出半圆形庭院，其北侧是带水池的矩形庭院。据推测，3 个半圆形的建筑物应为接待厅，也有人认为是宴会厅。雄伟双廊庭院东侧有一座规模不大的半圆厅，或称哲学家之厅（The Apse Hall or Hall of Philosophers）。半圆厅为了纪念古代希腊

㊴ 有人认为也有可能岛式别墅曾经是"水上剧场"，观众围在四周，舞台被水围着，是一种独特的表演形式。

㊵ Chiara Morselli. Guide with Reconstructions of Villa Adriana and Villa d'Este: Past and Present[M].Roma: Vision S.R.L.,1995:13-14.

的贤人（Sages or Seven Sages），哲学家之厅的屋顶为半圆拱顶，室内有 7 个壁龛，应为布置雕像之处，它曾发掘出古希腊哲人雕像，因而得名。[41]雄伟双廊庭院西侧是 15m 高、3~4 层的百室建筑（Cento Camerelle），百室建筑是哈德良别墅的辅助用房与仆从居住的地方。

哈德良别墅有两处浴场，即大浴场（Grandi Terme）与小浴场（Piccole Terme），它们布置在 3 个半圆形的接待厅南侧。大浴场不仅有圆形穹顶日光浴大厅，也有热水浴室、温水浴室和冷水浴室，以及相应的附属用房，如锅炉房、厕所、更衣室等。大浴场不仅洗浴设施完善而且附有体育场地和花园，主要洗浴用房沿中轴线布置，两侧是相应的附属用房。小浴场虽然规模和尺度相对较小，但设施也相当完善。小浴场由若干相对较小的穹顶浴室组合，据说小浴场专门为王宫女眷使用，也有人认为是为不同阶层或种族的宫廷人员使用。两处浴场均破坏较多，只能看到残垣断壁。哈德良别墅内的 3 处浴场虽然细部设计巧妙不同，但基本功能和总体构思是一致的。洗浴有 4 种类型，即冷水浴、温水浴、热水浴和蒸汽浴或桑拿浴。浴场轴线沿西南 - 东北方向布置，浴室采光朝向西南，因为古罗马人洗浴在下午。此外，洗浴和其他健身活动、人际交往相结合，因而浴场内有足够的室内外公共活动空间，包括花园绿地，相当舒适。

南区纪念园是哈德良别墅画龙点睛的作品。纪念园建在一片谷地上，中心是一条狭长的卡诺普（Canopus）水池，水池长 119m、宽 18m，卡诺普水池北侧平面为半圆形。环绕水池有一圈科林斯柱式的柱廊，东侧是双柱廊，西侧是单柱廊，北侧的柱廊沿着半圆形池边布置，其顶部间隔有拱券。西侧柱廊的中部以 6 座女像柱（caryatids）替换科林斯柱，女像柱被认为是模仿古希腊雅典卫城（Acropolis of Athens）伊瑞克提翁神庙（Erechtheum Temple）的作品，卡诺普水池北侧有 4 座男性雕像，包括一座宙斯的儿子阿瑞斯（Statue of Ares, son of Zeus）的雕像，雕像间隔地布置在拱廊下，被认为是模仿古希腊雕刻家波利克莱塔（Polyclitus）和菲迪亚斯（Phidias）的作品。南区纪念园的柱廊和雕像的布置方式生动活泼，打破常规。卡诺普水池南端有一座以塞拉匹斯（Serapis）命名的神庙，塞拉比斯是希腊化时代的埃及神祇，神庙的建筑布局采取对称的方案。[42]也有人认为从挖掘

---

[41] Seven Sages （Seven Wise Men of Greece）是古代希腊 7 位名人的统称，现代人了解较多的只有立法者雅典的梭伦（Solon of Athens）和哲学家米利都的泰勒斯（Thales of Miletus），其他 5 位名人一般认为是契罗、毕阿斯、庇塔库斯、佩里安德和克莱俄布卢，尚无统一认同。几位希腊哲人均有至理名言，令人深思。

[42] 埃及的希腊化时代是指马其顿帝国占领埃及后建立的托勒密（Ptolemy）王朝时期，出于融和埃及文化与希腊文化的愿望，人们崇拜塞拉匹斯，把塞拉匹斯视为伊西斯（Isis）女神的丈夫，是来世之神与解决烦恼之神，但是塞拉匹斯未能受到多数埃及人的认同。

出的遗址分析，卡诺普水池南端的建筑物并非是神庙，应当是一座皇帝在节日宴请客人的餐厅。[43]研究哈德良的学者们还有一种深层次的分析：认为纪念园是为了纪念一位希腊青年安提诺乌斯（Antinoos）建造的。纪念园是一座象征性的建筑群，柱廊和雕像并未创新，完全模仿希腊名作是为了纪念希腊青年安提诺乌斯。狭长的卡诺普水池象征尼罗河，因为安提诺乌斯是在尼罗河遇难去世。[44]卡诺普水池边上还有一个形象生动的鳄鱼雕塑，更加令人联想到尼罗河。南区纪念园的东西两侧均有相当数量的辅助建筑，功能应当与雄伟双廊庭院西侧的百室建筑相似。

回廊与水池在哈德良别墅中占有重要地位，回廊不仅把相关的建筑物互相连接，使用方便，而且可以改善环境，丰富了室外空间。回廊与水池还在总体布局中起着调整构图的作用，例如在岛式寝宫南侧有一组南北向的回廊与水池，这组回廊与水池与冬宫的寝室和 3 个半圆组合的接待厅互相呼应，成为总体布局的核心。

---

[43] Leonardo B. Dal Maso and Roberto Vighi. Tivoli – Hadrian's Villa Subiaco – Aniene Valley[M]. Florence: Bonechi Edizioni, 1999:34.

[44] 希腊青年安提诺乌斯出生在罗马帝国比提尼亚行省，今土耳其西北部地区，出生年代不确定，但一般推算为公元 110 年—115 年之间。公元 124 年，哈德良途经比提尼亚时，安提诺乌斯开始追随皇帝，此后一直陪伴哈德良，130 年 10 月 30 日安提诺乌斯在陪伴哈德良巡游尼罗河时因意外事件落水身亡。安提诺乌斯死后，哈德良陷入了深深的悲痛中，以其所能做到的一切方式来缅怀安提诺乌斯，城市以他的名字命名，奖章上刻上了他的画像，帝国的多处场所树立起了他的雕像，今日埃及南部的安提诺波利斯市（Antinopolis）就是哈德良在安提诺乌斯溺水地点修建的城市。此外，安提诺乌斯是一位美男子，世俗的传说认为安提诺乌斯是哈德良的情人，按照现代的观点，哈德良与安提诺乌斯是同性恋的关系。安提诺乌斯之死也有争议，有人认为安提诺乌斯可能死于政治目的、自杀、谋杀或宗教献祭。

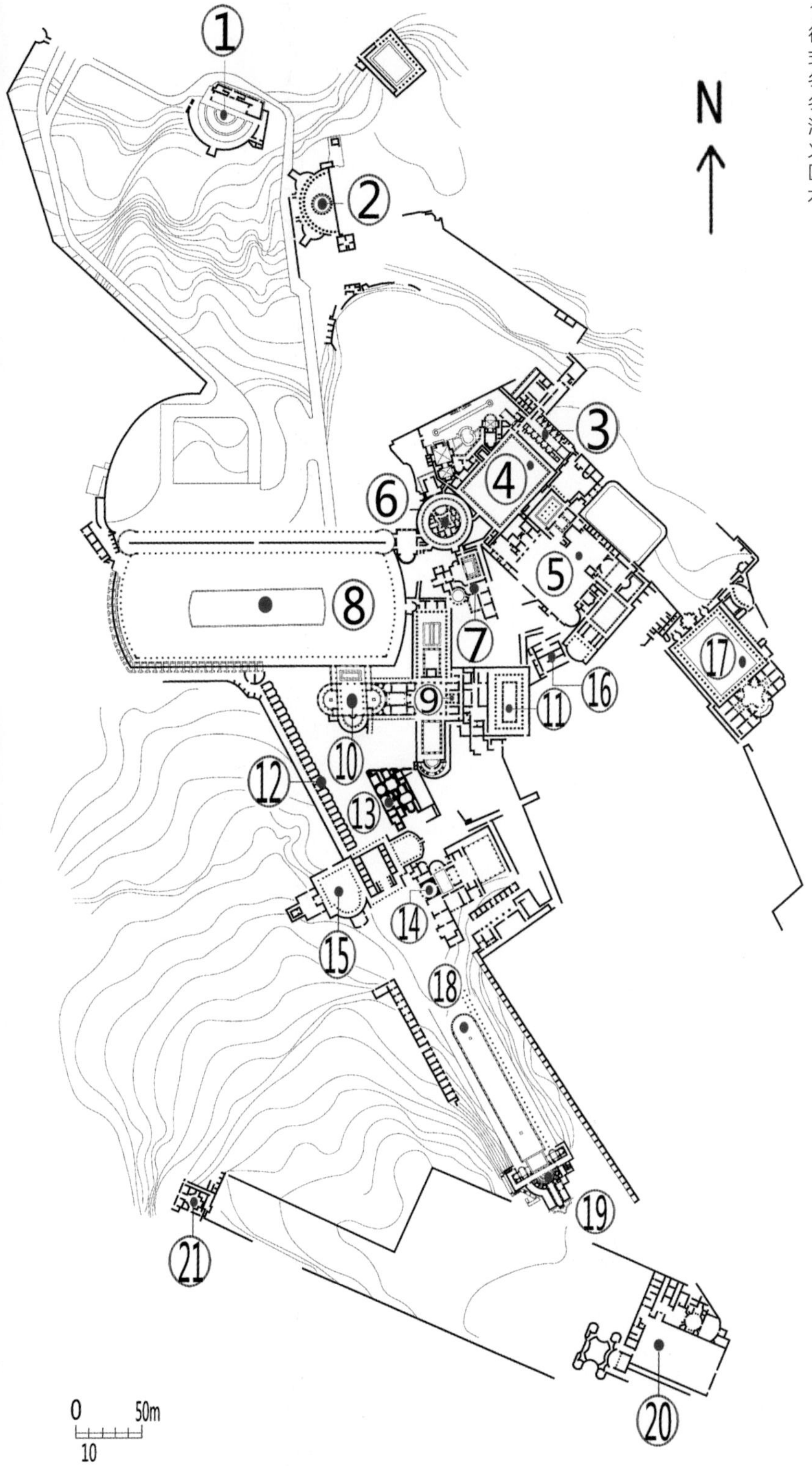

2-1 哈德良别墅遗址总平面

1- 希腊式剧场 ;2- 维纳斯神庙 ;3- 接待客房 ;4- 图书馆庭院 ;5- 王宫 ;6- 岛式寝宫 ;7- 日光浴室 ;8- 雄伟双廊 ;9- 冬宫 ;10-3 个半圆形组合的接待厅 ;11- 冬宫的养鱼池 ;12- 百室建筑 ;13- 小浴场 ;14- 大浴场 ;15- 门厅 ;16- 救火队营房 ;17- 黄金广场 ;18- 南区纪念园 ;19- 塞拉匹斯神庙 ;20- 学术研究院 ;21- 罗卡布鲁纳塔

N

0   50m

10

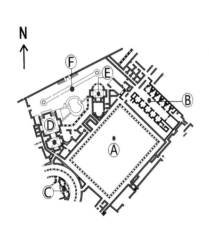
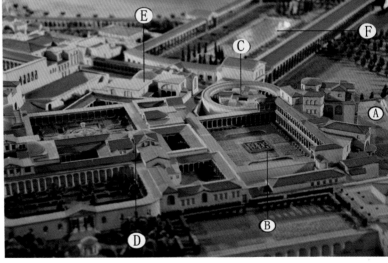

2-2	2-3
2-4	2-5
2-6	2-7

2-2 哈德良别墅北端的希腊式剧场和体育馆复原模型

2-3 哈德良别墅的维纳斯神庙

2-4 哈德良别墅私人图书馆后花园的水池

2-5 哈德良别墅希腊文图书馆立面

2-6 哈德良别墅的图书馆及庭院平面

A- 图书馆庭院 ;B- 接待客房 ;C- 岛式寝宫 ;D- 拉丁文图书室 ;E- 希腊文图书室 ;F- 水池及绿化

2-7 以岛式寝宫为中心的别墅主体局部复原模型

A- 图书馆 ;B- 图书馆庭院 ;C- 岛式寝宫 ;D- 冬宫 ;E- 日光室 ;F- 雄伟双廊

2-8　哈德良别墅拉丁文图书馆立面

2-9　哈德良别墅拉丁文图书馆室内

2-10　哈德良别墅拉丁文图书馆透视

2-11　哈德良别墅王宫的罗马厅入口遗迹

2-12　哈德良别墅王宫内院西侧遗迹

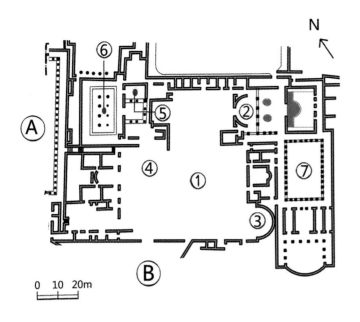

2-13 哈德良别墅的王宫布局
A- 图书馆庭院；B- 日光浴室；
1- 王宫庭院；2- 罗马厅；3- 纪念
性壁龛；4- 私人图书馆；5- 小教堂；
6- 柱厅；7- 多立克柱厅

2-14 远望哈德良别墅王宫的多立克柱
厅遗迹

2-15 哈德良别墅王宫多立克柱厅一角

2-16 俯视哈德良别墅岛式寝宫遗址

2-17 由哈德良别墅岛式寝宫内望入口

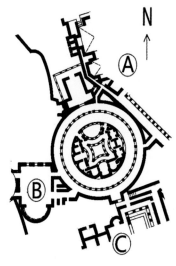

2-18　哈德良别墅岛式寝宫平面
　　　A- 图书馆 ;B- 通向雄伟双廊的过厅与楼梯 ;
　　　C- 日光浴馆
2-19　哈德良别墅岛式寝宫入口
2-20　哈德良别墅岛式寝宫内的环状通道
2-21　哈德良别墅岛式寝宫的环状水渠与环廊

2-22	
2-23	2-24
2-25	2-26

2-22 哈德良别墅岛式寝宫跨越环状水渠的通道

2-23 哈德良别墅岛式寝宫修复的砖墙

2-24 哈德良别墅的御用日光浴馆
A- 岛式寝宫；1- 柱廊；2- 开敞的内院；3- 冷水浴室；4- 日光浴室；5- 温水浴室；6- 更衣、按摩或健身运动；7- 灵活空间

2-25 哈德良别墅岛式寝宫的爱奥尼柱廊

2-26 哈德良别墅的御用日光浴室

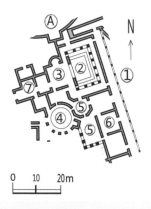

2-27	2-28
	2-29
	2-30

2-27 御用日光浴馆的热水浴室遗迹

2-28 哈德良别墅御用浴馆的架空地面

2-29 御用日光浴馆的冷水浴室及其内院

2-30 哈德良别墅的王宫公共活动区复原模型

A- 雄伟双廊；B- 岛式寝宫；C- 日光室；D-3 个半圆形组合的接待厅；E- 罗马式大厅；
F- 百室建筑；G- 小浴场；H- 黄金广场；J- 门厅；K- 大浴场

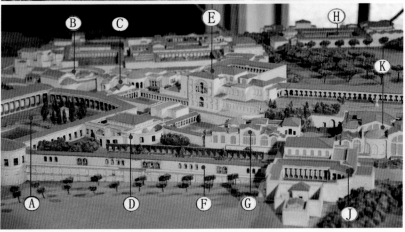

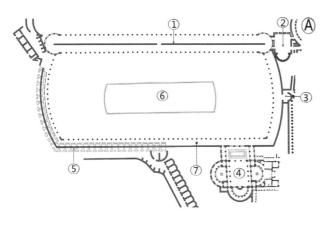

2-31	2-32
2-33	

2-31 哈德良别墅的雄伟双廊庭院

1- 雄伟双廊；2- 连接岛式寝宫的过厅与楼梯；3- 哈德良别墅的哲学家大厅；4-3 个半圆形组合的接待厅；5- 百室建筑；6- 庭院中的水池；7- 庭院的围廊

2-32 哈德良别墅进入雄伟双廊庭院的拱门

2-33 从南侧望雄伟双廊庭院内的大水池

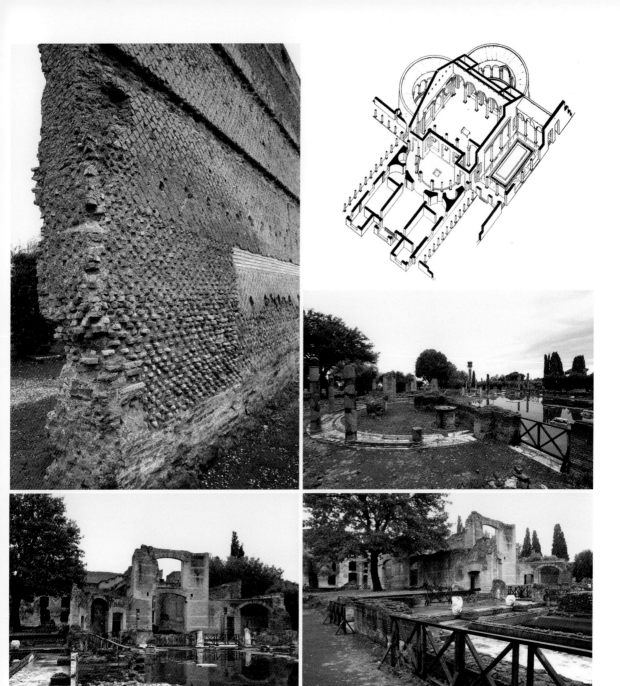

2-34 哈德良别墅雄伟双廊承重墙的断面细部

2-35 3 个半圆形组合的接待厅复原轴侧图

2-36 3 个半圆形的接待厅西侧透视

2-37 3 个半圆形的接待厅东侧入口

2-38 3 个半圆形的接待厅东侧透视

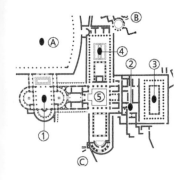

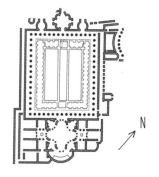

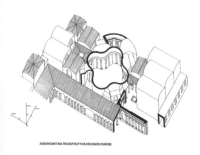

ASSONOMETRIA RICOSTRUTTIVA SECONDO RAKOB

N

2-44		2-45
2-46		
2-47		2-48
	2-49	

2-44 哈德良别墅的冬宫与四周环境

　　A- 雄伟双廊；B- 大浴场；C- 小浴场
　　1-3 个半圆形组合的接待厅；2- 冬宫住宿区；
　　3- 养鱼池；4- 回廊围合的休憩区；5- 凉亭
　　或水池

2-45 远望哈德良别墅冬宫中心区

2-46 哈德良别墅的黄金广场平面

2-47 哈德良别墅黄金广场端部轴侧图

2-48 哈德良别墅的冬宫与四周环境

2-49 哈德良别墅黄金广场透视

2-50	
2-51	2-53
2-52	

2-50　哈德良别墅黄金广场透视

2-51　哈德良别墅黄金广场南端入口透视

2-52　哈德良别墅黄金广场残留的地面装修

2-53　哈德良别墅黄金广场的围墙基础

II-II

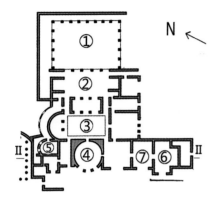

N

I-I

0 10 20m

N

A

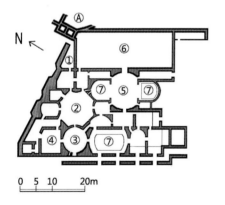

0 5 10   20m

2-54 哈德良别墅大浴场平、剖面

I-I 大浴室平面 II-II 大浴室剖面
1- 体育场地；2 接待厅或花园；3- 冷水浴室；4- 日光浴大厅；
5- 温水浴；6- 热水浴；7- 锅炉房

2-55 哈德良别墅大浴场日光浴室透视

2-56 哈德良别墅大浴场热水浴室透视

2-57 哈德良别墅小浴场平面

A- 哈德良别墅的冬宫庭院；1- 入口门厅；2- 有喷泉的八角大厅；
3- 蒸汽浴或桑拿浴室；4- 更衣室；5- 冷水浴室；6- 尚未发掘的地
段；7- 水池

2-58 俯视哈德良别墅小浴场

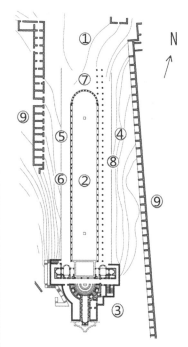

2-59　哈德良别墅小浴场透视

2-60　哈德良别墅南区纪念园平面

　　　1- 南区纪念园；2- 卡诺普水池；3- 塞拉匹斯神庙；4- 科林斯柱式的双柱廊；5- 科林斯柱式的单柱廊；6- 6 座女像柱；7- 4 座男性雕像；8- 鳄鱼雕塑；9- 辅助用房

2-61　从北侧俯视哈德良别墅南区纪念园

2-62　从南侧望哈德良别墅南区纪念园的塞拉比斯神殿

2-63　从北侧俯视哈德良别墅南区纪念园

2-64	2-65
2-66	2-67

2-64 哈德良别墅南区纪念园的塞拉比斯神殿透

2-65 从南侧望哈德良别墅南区纪念园

2-66 哈德良别墅南区纪念园的女廊柱

2-67 哈德良别墅南区纪念园北端柱廊下的阿瑞斯雕像

2-68	2-69
2-70	2-71
	2-72

2-68 哈德良别墅南区纪念园北端的柱廊

2-69 哈德良别墅南区纪念园北端柱廊前的雕像

2-70 哈德良别墅的地下通道

2-71 哈德里安别墅中的安提诺乌斯胸像

2-72 哈德良别墅南区纪念园水池边的鳄鱼雕塑

3 古罗马的度假胜地：赫库兰尼姆遗址

The Resort of Ancient Rome：Herculaneum Historic Site

古罗马的赫库兰尼姆（Herculaneum）位于今日意大利南部的埃尔科拉诺（Ercolano），埃尔科拉诺是帕尼亚大区那不勒斯省的一个城市。赫库兰尼姆也是公元79年被维苏威火山爆发摧毁的古城，火山爆发令此城与附近的庞贝城、斯塔比奥等古城同时受到摧毁。与庞贝有别的是赫库兰尼姆被火山灰掩埋得更深，火山灰层厚达20多米，由于火山灰掩埋深，城内建筑物的屋顶得到良好保存。此外，火山灰也保护了食物和家具。从18世纪中叶开始，庞贝和赫库兰尼姆以及那个地区的许多富家别墅，都被逐渐挖掘出来，并向公众开放。庞贝商业城的广阔，与规模不大却保存完好的赫库兰尼姆度假胜地相得益彰。

赫库兰尼姆于1738年开始较大规模的挖掘，但至今仍有70%的建筑物尚未出土。赫库兰尼姆城是公元前6世纪希腊人始建的，赫库兰尼姆的名称是为了纪念古代希腊神话中的宙斯之子大力神赫拉克勒斯（Heracles or Hercules）、一位无所畏惧的英雄。公元前4世纪赫库兰尼姆城曾被居住在亚平宁山脉南部的萨莫奈人（Samnites）占领，公元前89年最终被罗马人占据，成为罗马帝国统治下的地方自治市镇。赫库兰尼姆城建在维苏威火山西侧山坡上，面向于那不勒斯海湾，是一处景色迷人的小镇，罗马帝国时代它是享有盛誉的海滨休闲城市，古罗马城内富有的居民夏日在此度假，许多罗马贵族也在赫库兰尼姆建造豪华住宅和相应的公共建筑，使赫库兰尼姆逐渐成为古罗马的度假胜地。据学者们估计，当时赫库兰尼姆的人口约有5000人，城区占地约320m×370m。

赫库兰尼姆的城市规划与建筑设计虽受庞贝的影响，但是建设水准却高丁庞贝，城市道路呈棋盘式布局，纵向与横向道路互相垂直，石材铺砌的路面没有见到车轮压出的沟槽，说明当时海滨休闲城市的车流量不大，重点街道的两侧还有柱廊，显示出度假胜地的特征。赫库兰尼姆的建筑物多为两层，采用木构架，功能灵活，部分居住建筑的门廊和阳台不仅可以眺望大海，而且风格优雅。赫库兰尼姆是个比庞贝富裕的城镇，因此镇上有不少粉饰精致的房屋，使用了更多的彩色大理石作为外饰面。赫库兰尼姆豪华别墅有许多出土的文物，今日大部分在那不勒斯国家博物馆（Naples' National Archaeological Museum）中展出。

在已经挖掘出的赫库兰尼姆遗址中，首先引人注目的是马库斯广场和广场中的马库斯雕像（Terrazza di Marcus Nonia Balbo）。马库斯全名为马库斯·N·巴博斯（Marcus Nonius Balbus）出生在赫库兰尼姆，是罗马帝国皇帝奥古斯都的亲信，曾任赫库兰尼姆的执政官，是赫库兰尼姆的杰出人物，深受当地人民爱戴，死后的骨灰埋在他的墓碑下。

城市北端有一座"4洞门楼"，似乎是赫库兰尼姆的重要景点，朝向东北方向的门洞被城墙遮挡，虽然目前的位置并不在城市中心，因为赫库兰尼姆还在发掘的过程中。据推测：当时赫库兰尼姆的规划有可能还要向东北方向发展，从目前发掘出的大型公建和饭馆均靠近4洞门楼，可以说明4洞门楼应当是"未来城市"的中心。

靠近4洞门楼的奥古斯塔大殿（Shrine Augustales or Collegius Augustial）是古罗马帝国时期用于祭祀的公共建筑，房间很大，约12m×15m，室内有4根大柱。在分割空间的隔墙上有许多壁画，在中央祭坛隔墙上有一幅表达古罗马神话中的大力神赫拉克勒斯坐姿，大力神与爱神朱比特的妻子朱诺（Juno）在一起，身后站立的是戴假发的智慧女神密涅瓦（Minerva）。

赫库兰尼姆的城市浴馆（Town Baths）位于城市中心偏北，靠近奥古斯塔大殿。城市浴馆分为男、女两个洗浴区。进入男浴区要经过更衣室（apodyterium）。更衣室是很大的半圆拱顶建筑，室内设有长条座位和存放衣服的架子，然后进入冷水浴室，此后，再进入温水浴室，最终进入热水浴室。热水浴室有大理石砌筑的浴池，城市浴馆地面瓷砖的镶嵌画相当精细。

赫库兰尼姆沿街有许多小饭馆，类似今的快餐店或酒馆，靠近4洞门楼有一个较大的饭馆，入口上面还有个大挑檐，很神气，入口侧面的墙壁上还画着彩色广告画，广告画是几个彩色酒坛，至今保护完好。

赫库兰尼姆的住宅普遍标准较高，不仅有内院，而且有采光的中庭，住宅的名称一般按照考古发现的特征命名，例如木隔断住宅（Casa del Tramezzo di Legno or House of the Wooden Partition）中有一种可以推拉的木板隔断，使内部空间灵活多变。木隔断住宅的中庭内还有大理石砌筑的水池和大理石凳，房间内的壁画和地面瓷砖的图案也很讲究。尼普顿与安菲特立特住宅（Casa di Nettuno e Anfitrite）是因为住宅内有一幅以"尼普顿与安菲特立特"为主题的锦砖镶嵌壁画而命名，镶嵌画中的两位主角分别是罗马神话中的海神尼普顿与其配偶、女海神安菲特立特，锦砖镶嵌壁画保护的非常完好。[45]这套住宅设计颇具创造性，有锦砖镶嵌壁画的房间被认为是"室内花园"（tablinium or garden room），相当于今日的客厅。

特勒福斯浮雕住宅（House of the Relief of Telephus）是一幢以浮雕出名的住宅，浮雕完好地保护在住宅柱廊内。特勒福斯（Telephus）或译为泰勒普斯，也是古罗马神话中的人物，他是古希腊的大力神赫拉克勒斯（Heracles）之子。关于特勒福斯有许多传说故事，住宅中的浮雕刻画精细，具体内容尚有待考证。赫库兰尼姆还有一幢阿尔戈之家（Casa di Argo），位于赫库兰尼姆古城西端，似乎尚未发掘完成，已经对外展出的内院四周柱廊环绕，颇有气势。

---

⑤ 希腊神话中的海神是波塞顿（Poseidon）。

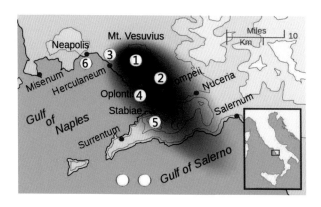

3-1	3-2
3-3	

3-1 公元 79 年被维苏威火山爆发摧毁的古城

1- 维苏威火山；2- 庞贝古城；3- 赫库兰尼姆古城；4- 奥普隆蒂斯；5- 斯塔比亚；
6- 那不勒斯

3-2 赫库兰尼姆考古遗址总平面

A- 赫库兰尼姆城区；B- 莎草纸卷别墅；C- 赫库兰尼姆剧场

3-3 赫库兰尼姆城区平面

1- 奥古斯塔大殿；2- 城市浴馆；3- 木隔断住宅；4- 长方形大会堂；5- 特勒
福斯浮雕住宅；6- 尼普顿与安菲特立特住宅；7- 阿尔戈之家；8- 雄鹿住宅；9-
公共浴场或郊区浴馆；10- 体育场馆；11- 马库斯广场；12- 城北的 4 洞门楼
13- 赫库兰尼姆的酒馆

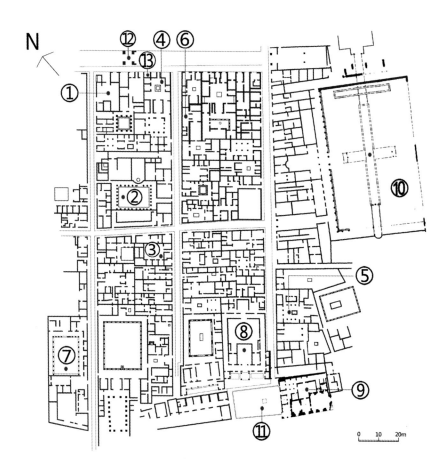

3-4　俯视赫库兰尼姆遗址

3-5　俯视赫库兰尼姆的马库斯广场

3-6　赫库兰尼姆的马库斯广场透视

3-7　赫库兰尼姆的马库斯广场中的
　　雕像

3-8　赫库兰尼姆沿街的骑楼、供水池与排水沟

3-9　通向赫库兰尼姆古城的通道

3-10　赫库兰尼姆沿街多为两层楼，而且局部出挑

3-11	3-12
3-13	
3-14	3-15	3-16

3-11 赫库兰尼姆的街道很有特点，
车行道较窄，人行道较宽

3-12 赫库兰尼姆的石材铺砌道路
与沿街的店铺

3-13 赫库兰尼姆的街头水池

3-14 赫库兰尼姆二层出挑下面的
支柱

3-15 赫库兰尼姆人行道局部加宽

3-16 赫库兰尼姆的车行道和有柱
廊的人行道

3-17	3-18
3-19	3-20

3-17 赫库兰尼姆的沿街店铺

3-18 从赫库兰尼姆城北的 4 洞门楼下望城北大道

3-19 赫库兰尼姆城北的 4 洞门楼

3-20 赫库兰尼姆城北的 4 洞门楼透视

3-21　赫库兰尼姆 4 洞门楼内的壁画

3-22　奥古斯塔大殿全貌

3-23　奥古斯塔大殿正面的祭坛

3-24 奥古斯塔大殿祭坛透视

3-30　奥古斯塔大殿侧厅

3-31　奥古斯塔大殿旁的纪念性水池

3-32　赫库兰尼姆城市浴馆的更衣室入口

3-33　赫库兰尼姆城市浴馆的男健身绿地

3-34 赫库兰尼姆城市浴馆的男更衣室

3-35 赫库兰尼姆城市浴馆的男浴室

3-36 赫库兰尼姆的城市浴馆男浴室的地面瓷砖装饰画

3-37 赫库兰尼姆的城市浴馆男浴室的温水浴池

3-38	3-39
3-40	3-41
3-42	

3-38　库兰尼姆入口有大挑檐的饭馆

3-39　赫库兰尼姆饭馆门口的彩色广告

3-40　小饭馆的灶台与大缸遗迹

3-41　木隔断住宅中庭的水池景观

3-42　赫库兰尼姆城市浴室男更衣室洗手盆

3-47	3-48

3-49	3-50	3-51

3-52

3-47 尼普顿与安菲特立特住宅入口

3-48 尼普顿与安菲特立特住宅内院

3-49 尼普顿与安菲特立特住宅内院

3-50 尼普顿与安菲特立特住宅绿化

3-51 尼普顿与安菲特立特住宅室内楼梯

3-52 尼普顿与安菲特立特住宅室内壁画

3-59	3-60
3-61	
	3-62

3-59　阿尔戈之家内院

3-60　阿尔戈之家内院柱廊

3-61　阿尔戈之家入口

3-62　阿尔戈之家柱廊细部

4 古罗马的豪华住宅：奥普隆蒂斯别墅、圣马可别墅与卡萨尔罗马别墅

The Luxury residential: Villa Oplontis, Villa San Marco and Villa Romana del Casale in Sicily

4.1 托雷安农齐亚塔的奥普隆蒂斯别墅

Villa Oplontis at Torre Annunziata

　　奥普隆蒂斯别墅位于庞贝和赫库兰尼姆之间的托雷安农齐亚塔（Torre Annunziata），奥普隆蒂斯别墅建于公元 14-16 年，是古罗马典型的、豪华的滨海别墅。奥普隆蒂斯别墅于公元 62 年因地震被破坏，被火山灰埋在地下约 10m 深，据说别墅主人是波帕埃·萨比娜（Poppea Sabina），因此也称波帕埃别墅（Villa Poppaea）。波帕埃是罗马帝国皇帝尼禄的第二个妻子，因为在遗址中发现过带有 Secvndo Poppeae 铭文的双耳细颈瓶和一个由 L. Arrianus Amphionus 作坊制造的大容器，在其他一篇文章中曾经提到过这个作坊属于波帕埃。[46] 1997 年，托雷安农齐亚塔考古遗址与庞贝和赫库兰尼姆同时被列为联合国世界遗产。

　　奥普隆蒂斯别墅由两部分构成，建筑布局呈 L 形，布局舒展，有些像现代建筑。主入口偏东、朝南，入口处有一条明显的南北向中轴线，中轴线虽然很短却空间多变，入口前是 4 根粗柱，入口内先是中庭，然后是走廊、天井式小花园与大客厅（Tablinum），最后是一片开阔的大花园（Viridarium）和果树园。奥普隆蒂斯别墅不仅拥有俯瞰那不勒斯湾的位置，而且火山形成的黑色沙滩也具有吸引力。

　　奥普隆蒂斯别墅主人的住宿区在西侧，包括餐厅和厨房、浴室和卧室，卧室相对较小，主人住宿区内的壁画精细，西侧似乎发掘工作尚未完成，部分遗址上面是城市的道路，现场提供的平面图也证实这点。奥普隆蒂斯别墅主入口的东侧是辅助用房和客房，也包括为奴仆提供的住房、厨房和洗浴间。东区有一处回廊环绕的内院，内院中还有一口井，内院东侧是家神龛。

　　奥普隆蒂斯别墅东端有一连串的休息厅（Salone），呈南北方向带状布局，尽端是个小酒吧。休息厅之间是小天井，小天井内均有精美壁画，壁画各具特色，展示了古罗马绘画艺术水平。休息厅东侧是游泳池，西侧是大花园，环境优美。大花园在奥普隆蒂斯别墅中占据重要地位，它把不同功能的房间整合在一起，奥普隆蒂斯别墅的大花园也是果园，昔日还种有蔬菜和花卉。

---

⑯ Edited by Furio Durando. Ancient Italy: Journey in Search of Works of Art and the Principal Archaeological Sites[M]. Vercelli: White Star S.r.l.,2001:230−233.

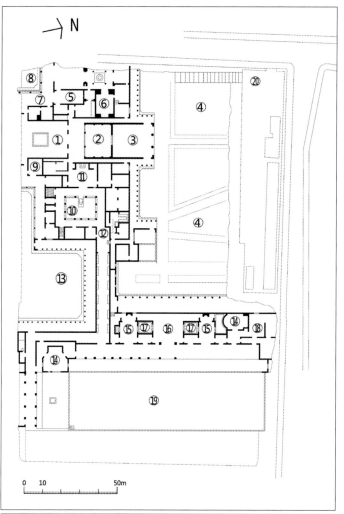

4.1-1 奥普隆蒂斯别墅平面
　　1- 中庭；2- 天井式小花园；3- 大客厅；4- 大花园和果树园；5- 餐厅；6- 浴室；7- 卧室；8- 后花园；9- 小客厅；10- 回廊环绕的内院；11- 家神龛；12- 厕所；13- 回廊环绕的绿地；14- 异形休息厅；15- 小休息厅；16- 中心休息厅；17- 小天井；18- 酒馆；19- 游泳池或养鱼池；20- 奥普隆蒂斯别墅遗址出入口

4.1-2 奥普隆蒂斯别墅复原想象图

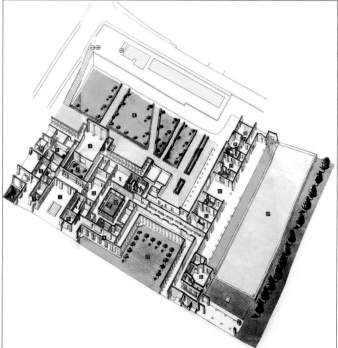

4.1-3	4.1-4
4.1-5	
4.1-6	

4.1-3 俯视奥普隆蒂斯别墅入口

4.1-4 由奥普隆蒂斯别墅入口望中庭

4.1-5 由奥普隆蒂斯别墅中庭望小花园

4.1-6 奥普隆蒂斯别墅入口东侧围廊式花园

4.1-7	4.1-8
4.1-9	4.1-10
4.1-11	4.1-12

4.1-7 奥普隆蒂斯别墅入口东侧围廊式花园绿地

4.1-8 奥普隆蒂斯别墅入口东侧围廊

4.1-9 入奥普隆蒂斯别墅口内的小花园

4.1-10 入口内小花园的观景口

4.1-11 奥普隆蒂斯别墅的大客厅

4.1-12 奥普隆蒂斯别墅大客厅的水池

4.1-13

4.1-14

4.1-13 奥普隆蒂斯别墅大客厅的壁画

4.1-14 奥普隆蒂斯别墅主人住宿区卧室的西后院

4.1-15	4.1-16
4.1-17
4.1-18	4.1-19

4.1-15 奥普隆蒂斯别墅主人住宿区热水浴室的壁画

4.1-16 奥普隆蒂斯别墅主人住宿区起居室的壁画

4.1-17 奥普隆蒂斯别墅主人住宿区的厨房

4.1-18 奥普隆蒂斯别墅主人住宿区的西后院

4.1-19 奥普隆蒂斯别墅主人住宿区的壁画残迹

4.1-20   奥普隆蒂斯别墅西区回廊环绕内院中的一口井

4.1-21   奥普隆蒂斯别墅西区内院中一口井的正面

4.1-22   奥普隆蒂斯别墅西区内透视

4.1-23　奥普隆蒂斯别墅西区内院与通道相连

4.1-24　从奥普隆蒂斯别墅西区内院通向东区客厅

4.1-25　考古工作人员在奥普隆蒂斯别墅西区的办公室

4.1-26　奥普隆蒂斯别墅东区厕所

4.1-27　奥普隆蒂斯别墅东区走廊东侧尽端的景观

4.1-28　奥普隆蒂斯别墅东区走廊东南隅的空间处理之一

4.1-29　奥普隆蒂斯别墅东区走廊东南隅的空间处理之二

4.1-30 | 4.1-31
4.1-32 | 4.1-33

4.1-30 奥普隆蒂斯别墅东区走廊东南隅的空间连续处理之三

4.1-31 奥普隆蒂斯别墅东区走廊东南隅的空间处理之四

4.1-32 通向奥普隆蒂斯别墅西端一连串的小客厅的走廊

4.1-33 通向奥普隆蒂斯别墅西端小客厅西侧的柱廊

4.1-34	4.1-35
4.1-36	
4.1-37	4.1-38

4.1-34 奥普隆蒂斯别墅跨越小客厅的临时性桥

4.1-35 奥普隆蒂斯别墅东区的小客厅

4.1-36 奥普隆蒂斯别墅东区客厅与天井的空间关系

4.1-37 从奥普隆蒂斯别墅东区小客厅望小天井

4.1-38 奥普隆蒂斯别墅东区天井之间的关系

4.1-39　奥普隆蒂斯别墅小天井内的壁画与高窗

	4.1-40	
4.1-41	4.1-42	

4.1-40 奥普隆蒂斯别墅东区小天井内小鸟饮水的壁画

4.1-41 奥普隆蒂斯别墅东区北端的半圆形小天井

4.1-42 奥普隆蒂斯别墅东端的游泳池

4.2　斯塔比亚的圣马可别墅

Villa San Marco of Stabiae

　　斯塔比亚是位于意大利南部坎帕尼亚大区那不勒斯省的一个城市，坐落在那不勒斯湾岸，距那不勒斯约 20km，曾经是古罗马帝国时期的休闲圣地，同时也因为当地高质量的泉水而闻名，当地的泉水具有医用价值。因此，许多有钱的贵族都在斯塔比亚的海滨建造豪华别墅，别墅多建在山脊上，可以俯视海湾。

　　公元 79 年，维苏威火山在一次猛烈喷发时不仅摧毁了庞贝城，斯塔比亚也遭到严重破坏。最早发现遗址的是那不勒斯国王查理七世（King Charles VII of Naples）属下的工程师阿库别瑞（Alcubierre），公元 1749–1782 年，开始挖掘被掩埋的遗址。2004 年，一个修复古代斯塔比亚基金（The Restoring Ancient Stabiae Foundation）的组织继续对斯塔比亚的考古区进行挖掘和文物修复工作，这片考古区包括 7-8 个豪华别墅，沿海布置，圣马可别墅是其中最著名的一个。

　　圣马可别墅的名称因邻近有圣马可教堂而得名。圣马可别墅已发掘的部分约占地 6000m²，预计圣马可别墅将超过 11000m²，别墅不仅规模大而且壁画和雕刻也很精彩，据推测圣马可别墅建于公元前一世纪。圣马可别墅有两个中庭、多个异形采光小天井和两个大花园，中庭和天井既有利通风和采光也丰富了建筑空间。

　　被火山灰掩埋的圣马可别墅入口低于今日室外地面 5m，主入口朝向东南方向，入口前有一个小门廊，入口内是一个四柱式的中庭（tetrastyle atrium），四周墙面上的壁画与庞贝第四种风格（4th Pompeian Style）壁画相同，壁画的内容丰富，但水平一般。入口中庭西南侧布置家神的神龛（lararium），入口中庭的东北角有一个通向夹层的楼梯，夹层内布置客厅（tablinum）或卧室（cubicles）。入口中庭西南侧家神龛的后面是一组以厨房为中心的生活辅助区，厨房的面积相对较大，较小的房间是仓库，由中庭进入厨房需绕行。

　　圣马可别墅入口中庭西北侧是一组洗浴区（The thermal complex），包括一个四柱式的中庭、冷水浴池、温水浴和桑拿浴以及相应的更衣室和火炉间，洗浴区的房间布置有明显的南北方向轴线，与入口内中庭轴线的方向不同，洗浴区中庭东侧还有一个半圆的小厅并且向天井开窗。洗浴区在圣马可别墅中非常重要，据说入口中庭曾经是洗浴区的冷水浴室。

　　入口中庭东北侧是一处生活辅助区，中心是一个正方形的天井，四周回廊围合，生活辅助区北侧另有出口，生活辅助区东侧是一排辅助用房，包括仓库和奴仆的住房。

圣马可别墅的大花园布置在圣马可别墅南侧，花园地势较高，花园四面回廊环绕，被称为"高处柱廊围合的花园"（The upper peristyle）。花园中心是一个游泳池，花园内还有一个凝灰岩制作的日晷（tuff），回廊内的壁画水平较高。大花园中轴线东南尽端有一个纪念性的出入口，大花园东南尽端两侧的转角处各有一组休闲性的套房（The dietae），从套房的大窗可欣赏花园的美景。花园的西北侧另有一组房间，据说，这个花园原来也曾作为高档居住区。

圣马可别墅"高处柱廊围合的花园"西南方向另有一处花园，被称为"第二个建筑群"（Secondo complesso），尚在发掘中，我们能看到的一组花园已经很精彩了。

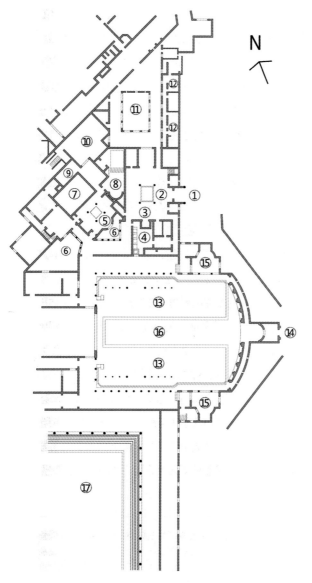

4.2-1 圣马可别墅平面

1- 圣马可别墅入口；2- 圣马可别墅入口内的中庭；3- 圣马可别墅中庭的神龛；4- 圣马可别墅的厨房；5- 圣马可别墅洗浴区的四柱式中庭；6- 圣马可别墅的异形小天井；7- 洗浴区的热水浴室；8- 洗浴区的冷水浴室；9- 洗浴区的温水浴室；10- 洗浴区的健身房；11- 圣马可别墅生活辅助区的天井；12- 圣马可别墅的仓库和奴仆的住房；13- 圣马可别墅回廊环绕的大花园；14- 圣马可别墅的纪念性出入口；15- 圣马可别墅的休闲性套房；16- 圣马可别墅大花园的游泳池；17- 圣马可别墅的"第二个建筑群"

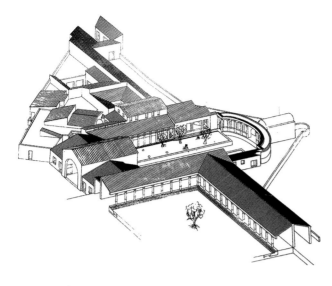

4.2-2		
4.2-3		
4.2-4	4.2-5	4.2-6

4.2-2 圣马可别墅复原想象图

4.2-3 俯视圣马可别墅入口

4.2-4 俯视圣马可别墅入口

4.2-5 从圣马可别墅入口望遗址的出入口

4.2-6 从圣马可别墅入口内的中庭望别墅入口

4.2-7	4.2-8
4.2-9	4.2-10

4.2-11

4.2-7 圣马可别墅入口内中庭砖柱外饰凹槽抹灰

4.2-8 从圣马可别墅入口内中庭望入口与东北侧

4.2-9 仰视圣马可别墅入口内中庭的顶部采光口

4.2-10 圣马可别墅入口内中庭顶部采光口的排水口

4.2-11 圣马可别墅中庭采光口与水池

4.2-12　圣马可别墅中庭四周屋顶与夹层

4.2-13　圣马可别墅中庭西南侧的神龛

4.2-14　从圣马可别墅中庭望西南侧的神龛

4.2-15　圣马可别墅入口中庭回廊的锦砖地面

4.2-17 圣马可别墅厨房的灶台

4.2-18 圣马可别墅厨房的锦砖地面

4.2-19 圣马可别墅厨房的壁画

4.2-16 从圣马可别墅入口内中庭望通向西北的通道

4.2-20

4.2-21

4.2-22

4.2-20 圣马可别墅中庭通向洗浴区过道转折处的采光天井

4.2-21 从圣马可别墅中庭望洗浴区的小天井和四柱厅

4.2-22 圣马可别墅洗浴区四柱式中庭与半圆厅

4.2-23　圣马可别墅洗浴区的四柱式中庭

| 4.2-24 | 4.2-25 |
| 4.2-26 | 4.2-27 |

4.2-24　圣马可别墅洗浴区中庭的半圆厅

4.2-25　圣马可别墅洗浴区的壁画

4.2-26　圣马可别墅洗浴区的拱顶与高窗

4.2-27　圣马可别墅洗浴区的地下设施

4.2-28　圣马可别墅洗浴区四柱式中庭四周的壁画

4.2-29　圣马可别墅入口中庭东北侧生活辅助区的正方形天井

4.2-30　从圣马可别墅洗浴区四柱式中庭向后望

4.2-31　圣马可别墅洗浴区的遗迹

4.2-32　圣马可别墅异形天井内的屋檐处理

4.2-28	4.2-31
4.2-29	4.2-32
4.2-30	

4.2-33 圣马可别墅入口中庭东北侧生活辅助区正方形天井四面的回廊

4.2-34 圣马可别墅南侧环绕大花园的回廊

4.2-35 圣马可别墅南侧大花园回廊尽端通向休闲性的套房

4.2-36 在圣马可别墅南侧大花园回廊内望花园

4.2-37 圣马可别墅南侧大花园内凝灰岩制作的日晷

4.2-38 在圣马可别墅南侧大花园内望回廊

4.2-39 圣马可别墅南侧大花园中心的游泳池

4.2-40 圣马可别墅南侧大花园回廊内转角

4.2-41 大花园东南尽端转角处休闲性套房入口

4.2-42 大花园东南尽端转角处休闲性套房外侧的纪念性装饰

4.2-43

4.2-44

4.2-43 圣马可别墅南侧大花园回廊的锦砖地面

4.2-44 圣马可别墅南侧大花园回廊的壁画

4.2-45　圣马可别墅南侧大花园回廊壁画展示天使安琪儿

4.2-46　圣马可别墅南侧大花园回廊壁画展示托盘子的女人

4.2-47　圣马可别墅南侧大花园回廊壁画展示希神珀尔修斯举着美杜莎的头

4.2-48　圣马可别墅的"第二个建筑群"

4.2-49　圣马可别墅"第二个建筑群"的回廊转角

4.3　西西里的卡萨尔罗马别墅：陶瓷锦砖镶嵌画博物馆

Villa Romana del Casale: The Museum of Mosaic Paintings

卡萨尔罗马别墅（Villa Romana del Casale），位于西西里岛中部恩纳（Enna）省的皮亚扎·亚美琳娜（Piazza Armerina）镇南3km，曼戈内（Mangone）山脚的杰拉河谷（valley of the river Gela）。卡萨尔罗马别墅被誉为梦幻别墅（Villa of Dreams），1997年被列入世界遗产名单。修复后的卡萨尔罗马别墅增加了照明很好的玻璃屋顶和架空的参观走廊，重点保护陶瓷锦砖镶嵌地面，也称马赛克镶嵌地面，虽然无法看到卡萨尔罗马别墅昔日的全貌，仅从遗址中仍然能了解到很多古罗马贵族的生活和建筑物的组合。

据说卡萨尔罗马别墅是由罗马皇帝马克西米安（Maximian）和当地富有的地主合资建造，始建于公元2世纪，公元3-4世纪又继续扩建。[47]别墅最初建造得比较简单，逐步扩建成为罗马贵族的住宅。卡萨尔罗马别墅仅仅是当地众多贵族别墅区之一，可能是众多同类建筑物中最奢华的一个，西西里富饶的土地和廉价的奴隶为罗马贵族提供了有利条件。别墅主体建筑面积3500m²，约有60个不同功能的房间。别墅区沿着山坡建造，建筑物安排在4个不同标高的地段，建筑布局和建筑物平面的形状非常自由，不仅有开敞的庭院，而且有异形的小天井，有利通风和采光。令人惊讶的是别墅中竟然有40多个房间的地面有陶瓷锦砖镶嵌画。卡萨尔罗马别墅的陶瓷锦砖镶嵌画工艺水平极高，通过镶嵌画可以了解罗马帝国时代的社会状况和贵族生活，镶嵌画中甚至还有穿着比基尼泳装的少女（bikini girls），丰富的陶瓷锦砖镶嵌画令人推测别墅的主人是一位和罗马皇帝关系亲近的贵族，而并非马克西米安皇帝本人。[48]卡萨尔罗马别墅的陶瓷锦砖镶嵌画被认为是来自非洲手

---

[47] 马克西米安的全名为马库斯·奥勒留·瓦勒里乌斯·马克西米安努斯·赫库里乌斯（Marcus Aurelius Valerius Maximianus Herculius，约公元250年—310年7月），简称马克西米安（Maximian），285年任罗马帝国副帝，286年被戴克里先任命为同朝皇帝，统治帝国西部，305年5月1日与戴克里先一同退位，由其副手君士坦提乌斯一世接任。

[48] Giuseppe Iacono and Siciliamo. The Mosaics of the Villa Romana del Casale[M]. Rimini: Edizioni Siciliamo, 2014：14.

工艺家的作品，这些作品和当时的阿尔及利亚或突尼斯相关作品很相似，非洲的手工艺家喜欢用小块的陶瓷锦砖描绘动、植物，大块的陶瓷锦砖表达抽象图案，大理石则用于装饰厅堂。卡萨尔罗马别墅外有两条引水渠，一条引向卡萨尔罗马别墅的水疗区和室内的喷泉，另一条引向一个很大的储水箱。储水箱供应别墅的饮用水，水源来自杰拉河。

卡萨尔罗马别墅根据功能要求可划分为 5 个区：即（A）公共活动区；（B）私密生活区；（C）洗浴区或称水疗（spa）区；（D）客人居住用房；（E）仆人居住及辅助用房。公共活动区包括主入口、多边形前院、过厅、矩形回廊庭院、长廊（Ambulatory）和正厅（basilica）。私密生活区包括卧室、餐厅、健身厅或称古希腊式室内运动场（xystus）。洗浴区包括休息厅、冷水浴室、温水浴室、热水浴室和供热的火炉（Praefurnium）。客人居住用房靠近矩形回廊庭院一侧，仆人居住及辅助用房分 3 处，分别布置在靠近公共活动区、私密生活区和水疗区。

初看卡萨尔罗马别墅的总体布局似乎很怪异，若根据功能分析便很清晰，矩形回廊庭院是别墅的核心，其他各区均环绕矩形回廊庭院布置，功能合理。此外，各类房间的外形似乎也是根据功能确定的，卧室相对规整而且功能相对灵活，餐厅则有些变化，洗浴区和室内运动场则变化更多，基本上是方、圆两种元素的组合。20 世纪初期的现代建筑运动中有人提出过"形式追随功能"（Form follows Function）的设计原则，似乎这种原则还是古罗马首先运用的。[49]矩形回廊庭院与长廊和正厅有明显的轴线关系，主入口内的五边形前院、洗浴区和室内运动场与矩形回廊庭院的轴线关系并不明确，有可能受地形的限制或是后期扩建的结果。

卡萨尔罗马别墅主入口朝南，据说昔日主入口处有 3 个拱门，中间的拱门高 4.5m，两侧的拱门略低，支撑拱门的壁柱上还有带雕像的壁龛。近似马蹄形的五边形前院由 11 根爱奥尼式圆柱支持的柱廊围合，柱廊内的陶瓷锦砖地面为几何图案，马蹄形前院北端有一处带壁龛的维纳斯祭坛，昔日壁龛内有维纳斯雕像，经过小室可通向别墅的水疗区。前院中间的方形水池可收集雨水，收集的雨水可用于前院外侧的厕所，前院外侧的厕所平面呈半圆形，厕所另有独立的小入口。

卡萨尔罗马别墅的矩形回廊庭院东西向长约 38m、南北向宽约 18m，回廊由 32 根科林斯式圆柱支撑，庭院中的喷水池造型丰富，昔日庭院内鲜花盛开，一片繁荣景象。矩形庭院回廊四周可分别通向别墅内的各处，回廊围合的大庭园犹如别墅的户外起居室。矩形庭院回廊地面的陶瓷锦砖图案别具一格，正方形的方格网内

㊾ "形式追随功能"（Form follows Function）是芝加哥学派的现代主义建筑大师路易斯·沙里文（Louis Sullivan）的一句名言，原话应该是 'Form follows the function, This is a law'。在设计史上，形式和功能的问题是一个不断被探讨和修正的话题。

再有圆形图案，圆形图案的中间各有一幅月桂花冠环绕的动物头像，因此，回廊的地面上共有 162 幅内容不同的动物头像，气势非凡。矩形庭院西侧靠近主入口有一处家神庙（Sacellum Larum），家神庙的入口正对着由前院进入矩形庭院的过厅，家神庙不仅位置显要，而且起到中国传统民居的"影壁"作用，增加了别墅的空间变化。

卡萨尔罗马别墅矩形庭院内与家神庙对应的东侧可通向别墅的正厅和主人的卧室区，进入正厅前先要跨越一个 60m 长的南北向长廊（Ambulatory），长廊两端有半圆形休息厅，长廊被命名为"伟大的狩猎长廊"（Ambulatory of the great hunt），因为地面上的陶瓷锦砖图案生动地展现了古罗马贵族的大型狩猎盛况，狩猎的场景是在非洲，因而可以推测别墅的主人具有在非洲工作的经历，同时陶瓷锦砖图案的作者也是来自非洲的手工艺家。正厅是主人接待贵宾或宴请客人的地方，正厅的地面全部用大理石铺砌，昔日尽端的半圆厅中立有希腊神话中的大力神赫拉克勒斯（Hercules）的雕像，雕像已被破坏，雕像的头部保留在博物馆中。卡萨尔罗马别墅主人的卧室和起居室布置在正厅的两侧，正厅南侧的一组房间应当是主人起居的套房，套房的入口是半圆形的中庭，非常考究，沿着卧室中庭的轴线布置一间名为"阿里昂的理想生活"（Diaeta of Arion）的起居室，阿里昂（Arion）是希腊传说中的诗人和乐师，顾名思义，主人很喜欢音乐和诗歌，室内地面有展示古罗马海神（God Ocean）和花神（Goddess Flora）的陶瓷锦砖镶嵌画，正厅北侧卧房套房地面上也都有精细的陶瓷锦砖镶嵌画。[50]

卡萨尔罗马别墅的餐厅和健身厅相对独立，二者有明确的轴线关系。与主人卧室的联系要穿越小院，餐厅平面以正方形为基本元素，一侧与健身厅相连，另外 3 侧是半圆形的小厅。健身厅是椭圆形平面的高大中庭，中庭外侧是拱廊，健身厅南、北两侧是辅助用房，昔日中庭内还有几处诱人的喷泉，据说健身厅是因为贵族过分丰盛的午餐后须要进行散步，因而得名，按今日的理解，应是贵族宴请客人的社交活动场所。

卡萨尔罗马别墅的洗浴区很重要，洗浴区与前院和矩形回廊庭院均有直接联系，可见主人对它的重视。洗浴区的休息厅两端为半圆形小厅，休息厅不仅可以接待客人，也是洗浴前准备活动的地方。休息厅地面上的陶瓷锦砖镶嵌画表现的是向谷物女神（goddess Ceres）表示敬意的战车比赛（chariot race）。冷水浴室平面很复杂，以圆厅为中心，外围有 7 个圆形小室和 1 个长向的冷水池，四角的圆形小室是更衣室（apodyterium），沿着洗浴区轴线的两个圆形小室是过厅，另一个

㊿ 阿里昂（Arion）是古希腊的歌手，有关阿里翁的著名神话是：阿里昂在一次乘船时被抢劫而跳海，一只海豚被他的歌声打动，把他救上岸，这只海豚是喜爱阿里昂的音乐之神。

圆形小室是冷水池的延伸。洗浴区的热水浴室和供热系统展示了古罗马的科学技术，热水浴设置一间较大的温水浴室和 3 间温度较高的热水浴小室，热水浴室的墙外有 3 个燃烧热水的火炉，陶土瓦管中的水经火炉燃烧后送进浴室，浴室的室温通过高窗和屋顶上的调节阀进行调节，居中的热水浴小室为双层地板，在双层地板间增加可循环的热空气。冷水浴室和热水浴室之间有一间正方形过厅。

卡萨尔罗马别墅中还有两间值得提出的房间，一间沿着矩形庭院回廊并且靠近餐厅的房间名为"俄耳甫斯的理想生活"（Diaeta of Orpheus），估计是主人的小餐厅。[51]另一间是沿着矩形庭院回廊的套间小室，曾被认为是仆人用房，由于地面上的陶瓷锦砖镶嵌画有身穿比基尼的少女（Girls in bikini），被引起广泛关注。卡萨尔罗马别墅地面的陶瓷锦砖镶嵌画确实质量很高，并不低于古罗马的壁画作品，今日卡萨尔罗马别墅为了使观众能仔细欣赏别墅的陶瓷锦砖镶嵌画作品，特意修建参观廊道，使卡萨尔罗马别墅成为"陶瓷锦砖镶嵌画博物馆"。

---

[51] 俄耳甫斯（希腊文：Ὀρφεύς），是希腊神话中的诗人和歌手，音乐天资超凡入化，他的演奏让木石生悲、猛兽驯服。

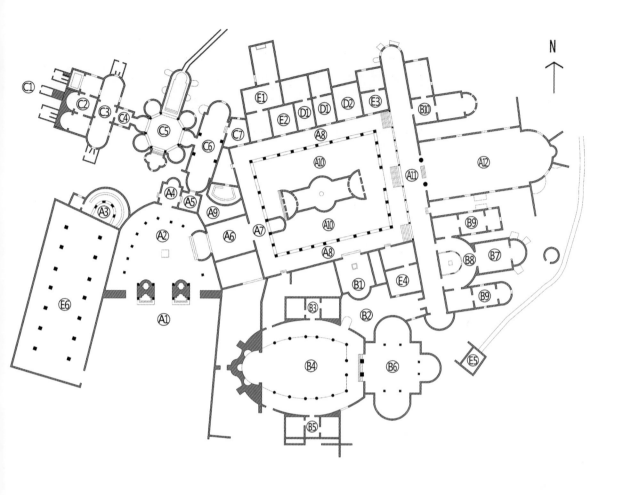

4.3-1 卡萨尔罗马别墅总平面

A- 公共活动区；
A-1 主入口；A-2 八边形前院；A-3 公共厕所；A-4 维纳斯壁龛；A-5 洗浴区门厅；A-6 廊柱庭院的前厅；
A-7 庙宇；A-8 卡萨尔罗别墅公共活动区柱廊；A-9 私用厕所；A-10 花园与喷水池；A-11 长廊地
面具有大型狩猎锦砖镶嵌地面；A-12 卡萨尔罗别墅接待大厅（Basilica）；

B- 主人私密生活区；
B-1 俄耳甫斯式休息室；B-2 私密内院；B-3 具有葡萄丰收图形地面的房间；B-4 蛋形室内运动场；
B-5 休息厅地面有捕鱼的装饰；B-6 有三个半圆龛的餐厅；B-7 阿里翁式的休息厅；B-8 半圆形中庭；
B-9 音乐家和演员的休息套房；B-10 主人卧室套房（[希腊神]厄洛斯和塞姬含色情场面地面，应为
主人的卧室）

C- 洗浴区；
C-1 热水浴室；C-2 蒸汽浴室；C-3 温水浴室；C-4 按摩室；C-5 冷水浴室；C-6 两端半圆壁龛大厅；
C-7 洗浴区私密入口；

D- 客人居住用房；
D-1 套间客房；D-2 单间客房；

E- 辅助用房及仆人居住；
E-1 厨房；E-2 仓储；E-3 仆人套房；E-4 仆人套房（地面的马赛克镶嵌画为身穿比基尼的少女）；
E-5 供水设施与水池；E-6 仓库和谷仓

4.3-2　卡萨尔罗马别墅入口

4.3-3　从西南方向望卡萨尔罗马别墅遗址

4.3-4　从西南方向望卡萨尔罗马别墅主入口遗址

4.3-5　卡萨尔罗马别墅八边形前院的柱廊

4.3-6　进入卡萨尔罗马别墅室内展厅的主入口

4.3-7

4.3-8

4.3-9

4.3-7 从西南方向望卡萨尔罗马别墅冷水浴室
外观

4.3-8 从西南侧望卡萨尔罗马别墅热水浴室外观

4.3-9 从西北侧望卡萨尔罗马别墅热水浴室外观

4.3-10 从西侧正视卡萨尔罗马别墅热水浴室加热烟道

4.3-11 卡萨尔罗马别墅居热水浴室侧面

4.3-12 从室外看卡萨尔罗马别墅热水浴室的双层地板

4.3-13 从健身厅遗址望左侧修复后的餐厅

4.3-14 卡萨尔罗马别墅餐厅外观

4.3-15　卡萨尔罗马别墅餐厅室内

4.3-16　卡萨尔罗别墅公共活动区长廊南端外观

4.3-17　卡萨尔罗别墅的阿里翁式休息厅南端外观

4.3-18　卡萨尔罗别墅北侧局部外观

4.3-19　卡萨尔罗别墅北侧东端外观

4.3-20　卡萨尔罗马别墅矩形回廊庭院由 32 根科林斯式圆柱支撑

4.3-21

4.3-22

4.3-21 俯视卡萨尔罗马别墅回廊
庭院的花园与喷水池

4.3-22 卡萨尔罗马别墅矩形回
廊地面的陶瓷锦砖图案
为 162 幅内容不同的动物
头像

4.3-23 庭院前厅的私用厕所地面上也有图案装饰

4.3-24 卡萨尔罗马别墅长廊大厅陶瓷锦砖地面大型狩猎镶嵌画片段

4.3-25 卡萨尔罗马别墅长廊大厅地面的大型狩猎镶嵌画

4.3-26 卡萨尔罗马别墅长廊大厅地面大型狩猎镶嵌画片段

146

4.3-27　俯视卡萨尔罗马别墅长廊大厅尽端镶嵌地面的大型狩猎镶嵌画

4.3-28　卡萨尔罗别墅接待大厅透视

4.3-29　从卡萨尔罗别墅接待大厅回望大厅入口

4.3-30 从卡萨尔罗马别墅公共活动区长廊大厅望接待大厅

4.3-31	4.3-32	
4.3-33	4.3-34	4.3-35

4.3-31 俯视阿里翁式休息室的半圆形中庭

4.3-32 阿里翁式休息室的半圆形中庭透视

4.3-33 卡萨尔罗别墅的阿里昂式休息室

4.3-34 卡萨尔罗别墅的俄耳甫斯式休息室

4.3-35 俯视卡萨尔罗别墅的仆人套房入口

4.3-36	4.3-37
4.3-38	4.3-39

4.3-36 卡萨尔罗别墅的维纳斯壁龛地面镶嵌画图案

4.3-37 卡萨尔罗马别墅辅助用房的地面镶嵌画图案

4.3-38 卡萨尔罗马别墅客房套间地面镶嵌画名为"小型狩猎"

4.3-39 卡萨尔罗马别墅主人卧室套房的地面镶嵌画

4.3-40	4.3-42
4.3-41	4.3-44
4.3-43	

4.3-40 卡萨尔罗马别墅主人卧室地面的镶嵌画显示男女做爱的画面

4.3-41 卡萨尔罗马别墅阿里昂式休息室地面镶嵌画表现野生动物

4.3-42 卡萨尔罗马别墅阿里昂式休息室地面的镶嵌画

4.3-43 卡萨尔罗马别墅地面的镶嵌画显示古罗马的渔民与小船

4.3-44 卡萨尔罗马别墅阿里昂式休息室地面上古罗马的美女镶嵌画

4.3-45 卡萨尔罗马别墅为展示地面镶嵌画构建的参观走廊

4.3-46 卡萨尔罗别墅的仆人套房地面镶嵌画为身穿比基尼的少女

5 庞贝遗址：凝固的古罗马城市
Pompeii Historic Site：A City Frozen in Time of Ancient Rome

公元前 900 年，意大利半岛中部的奥斯坎人（Osci or Oscans）在萨尔诺河（Sarno River）畔的一个小丘上开始建造庞贝城，此后，逐步成为强大的希腊人和腓尼基人（Phoenician）的良港。公元前 80 年，罗马共和国的军队占领庞贝，庞贝成为古罗马的殖民地。由于庞贝是一个良好的海港，而且位于交通要道，因此，很快就成为古罗马的商业城。公元63年，一场剧烈的地震给庞贝带来了巨大的破坏，但庞贝很快就重新建立起来了，在经历几次火山活动征兆的一周后，公元 79 年 8 月 24 日，维苏威火山（Mount Vesuvius）爆发，庞贝城距维苏威火山仅 8km，一夜之间庞贝城全部被埋在 25m 深的火山喷发碎屑（tephra）内，庞贝的名字和位置被人们遗忘了。

1599 年，开辟地下水道时发现了有雕刻的古墙体，首次披露出部分庞贝遗迹，据说还挖出了一些色情壁画，由于当时的宗教观念，对色情艺术的控制非常严，便悄悄地将它们掩盖了，直到 1748 年，人们才真正开始挖掘这座古城。庞贝城是今日世界上唯一的一座与古罗马社会生活状态完全相符的城市，庞贝城为我们提供了一处宝贵的、真实的历史瞬间"三维场景"，全世界其他城市的面貌都已经随着社会的发展被逐步改变了，只有庞贝仍然保持着昔日的状态。1997 年，庞贝城考古区以其独特的历史价值被联合国教科文组织列为世界文化遗产。

5.1 庞贝古城的城市规划

City Planning of Ancient Pompeii

庞贝城的建立应当追溯到公元前 9 世纪，最初仅仅是奥斯坎人在萨尔诺河口的一个小丘山上建立的居民点或村落，这个居民点恰好位于那不勒斯海湾（Gulf of Naples）的中心，又是古罗马两条干道的交点。早期庞贝村落中的居民并非全部是奥斯坎人，从考古发现的遗物中，证明在庞贝村落中还有伊特拉斯坎人（Etruscans）和萨谟奈人（Samnites）的影响。[52]庞贝村落至公元前 6 世纪已经

㊾ 萨莫奈人（拉丁语：Samnite）是居住在意大利亚平宁山脉南部的部落，萨莫奈人使用奥斯坎语，他们受希腊的影响较深。萨莫奈人的帝国在公元前 361 年达到顶峰，此后，其实力逐渐被罗马人削弱。公元前 82 年，罗马终身独裁官苏拉（Lucius Cornelius Sulla）战败了萨莫奈人并奴役了他们，大部分萨莫奈人后来成了角斗士。

扩大至 66hm²，被称为庞贝"老城"，老城的城墙称为"pappamonte"。[53]公元前 5 世纪，萨谟奈人成为了庞贝的主人，通过公元前 343—前 290 年的萨谟奈战争（Samnite Wars），古罗马人最终征服了萨莫奈人，庞贝成为罗马共和国的一部分。罗马帝国时期，庞贝得到更大的发展，成为罗马帝国的经济、政治和宗教中心之一。庞贝古城在罗马帝国第一个百年和平后期已经发展到今日我们见到的遗址规模，公元 79 年维苏威火山爆发时已经是罗马帝国第二个百年和平初期，当时庞贝的居民约有 20000 人，城市占地面积 1.8km²。

公元前 4 世纪，庞贝"老城"逐步向东北方向发展，城市道路按南北和东西方向正交布局，已经建成的南北向的斯塔比亚大街（Via di Stabia）向海边延伸，庞贝古城以南北向的斯塔比亚大街为主轴，古罗马称南北向大街为卡多（cardo or cardines），卡多具有中枢（hinge）或轴线（axis）的含义。庞贝古城另有两条东西向大街，即诺拉大街（Via di Nola）和阿波坦查大街（Via dell'Abbondanza），阿波坦查大街也译为"丰足大街"，古罗马称东西方向大街为"Decumanus"。庞贝古城街道的宽度变化很大，约 2.5m-4.5m，主干道最宽处达 8.5m。庞贝古城被 3 条干道划分为 6 块地段，每块地段又被划分成若干矩形街区（insulae or blocks），矩形街区 4 面均有小路环绕，街区内住宅的出口直接开向四周的小路，这种矩形街区大部分的长度约为 100m - 150m，宽度约为 35m - 50m。[54]

按照古罗马城市规划的规律，城市的主要广场应当布置在南北向和东西向主要街道的交叉点，庞贝的城市广场并没有遵循上述规律，因为庞贝的广场是在公元前 6 世纪庞贝古城广场基础上扩建的，由于庞贝城的西南方向是大海，城市的居住区只能向东北方向发展，致使城市的广场偏居西南，这种现象也是港口城市发展过程中普遍存在的现象。不仅庞贝的城市广场偏居西南，庞贝的剧院与竞技场也布置在城市南侧，分别靠近南侧的斯塔比亚门（Porta Stabia）和诺切拉门（Porta Nocera），公共建筑区靠近城门和海港有利争取城外的观众和人流疏散。庞贝的中心浴馆（Terme Centrali）和斯塔比亚浴馆（Terme Stabiane）均布置在城市的中心，沿着斯塔比亚中央大街和诺拉大街、阿波坦查大街的两个交口处，交通方便，另一处公共浴室名为广场浴馆（Terme del Foro），布置在城市广场的北侧，3 处公共浴馆的位置呈鼎足状，有利市民就近洗浴，布局合理。此外，在海门外还有一处郊区浴馆（Suburban Baths），很有特色。

阿波坦查大街是庞贝古城的主要商业街，街道的最宽处为 8.5m，沿街两旁是

_____

[53] Antonio Irlando and Adriano Spano. Pompeii: The Guide to the Archaeological Site[M]. Pompeii: Edizioni Spano-Pompei,2011:4.
[54] 拉丁语 insulae 的含义为岛。

各类店铺，包括面包房、快餐店等，据说那时的面包炉，同现在制作比萨的烤炉十分相似，当时庞贝城里有多达 30 家面包店。有神像的快餐店（Termopolio col Larario）离面包店不远，快餐店临街有石头砌的柜台，柜台上有几个大圆孔，下面放着陶罐，用于存放快餐。阿波坦查大街与斯塔比亚大街交口处称为霍尔考尼乌斯交叉路口（Holconius Crossroads），因为在霍尔考尼乌斯交叉路口曾经有一座霍尔考尼乌斯的雕像，霍尔考尼乌斯是庞贝的政界要员，他的家族赞助过庞贝古城的建设。交叉口处曾经建有一座 4 面门楼，门楼由 4 个砖墩支撑，今日仍可见到在霍尔考尼乌斯交叉路口有一处带水池的水泉，水池上有一具象征奥古斯都祥和的头像。

　　庞贝古城的主要大道都是青石铺地，大道两旁有人行道，大道中间微微隆起，以便雨水流向两边的排水沟，在青石的缝隙里巧妙地镶嵌着一些白色瓦片和白色小石头，据说这些瓦片和石头的作用是为了在天黑以后，通过反射月光，帮助人们识别道路。出于安全的考虑，庞贝人在很多街道的交叉路口设置了几块凸起的"减速石"或障碍物（blocks），障碍石块高出路面约 20-30cm，当马车临近交叉路口看到"减速石"，自然会放慢速度，因为车轮必须从减速石狭窄的夹缝中缓缓通过，减速石的作用有些像今日的斑马线，保护行人的安全。从减速石间的路面上，可以清楚地看出当年车轮长期碾压后留下的深凹痕迹。障碍石块的另一个作用是连接道路两边的人行道，作为城市连续的步行道（pedestrian），行人不必跨越崎岖的路面，尤其是在雨季。

　　庞贝古城四周有坚固的石砌城墙围绕，城墙的总长度约为 4800m，有 8 座城门，东侧和北侧共有 5 座城门，西侧和南侧共有 3 座城门。西侧的海门是庞贝古城最重要的城门，因靠近大海而得名，海门也称玛丽娜门（Porta Marina）。南北向的斯塔比亚大街南北两端的城门分别名为斯塔比亚门（Porta Stabia）和维苏威门（Porta Vesuvio），维苏威门可通向维苏威火山。诺拉大街和阿波坦查大街、两条东西向大街的东端各有 1 座门，分别命名为诺拉门（Porta Nola）和萨尔诺门（Porta Sarno）。庞贝古城的西北角有一座名为赫库兰尼姆门或称埃尔科拉诺城门（Porta Herculaneum or Ercolano Gate），东南方向有一座城门名为诺切拉门（Porta Nuceria），赫库兰尼姆、埃尔科拉诺和诺切拉均为古罗马的地名。

　　庞贝古城的供水问题也解决得很好，城市供水源自靠近塞里诺（Serino）的阿夸罗（Acquaro）的泉水，阿夸罗是意大利维博瓦伦蒂亚（Vibo Valentia）省的直辖市。输水道建于奥古斯都执政期间。庞贝古城的小水塔（castellum）建在靠近维苏威城门的城墙最高处，是庞贝城的最高点，此前的庞贝人全靠收集雨水生活。庞贝城的小水塔内设有蓄水池（cistern），蓄水池有 3 个出水口，通过金属百叶窗（metal shutters）的水经铅制管道（lead piping），分别供应到庞贝古城内的各区。庞贝古城的供水，不仅供应饮水，而且可以供应富人家庭的洗浴和城市的喷泉。

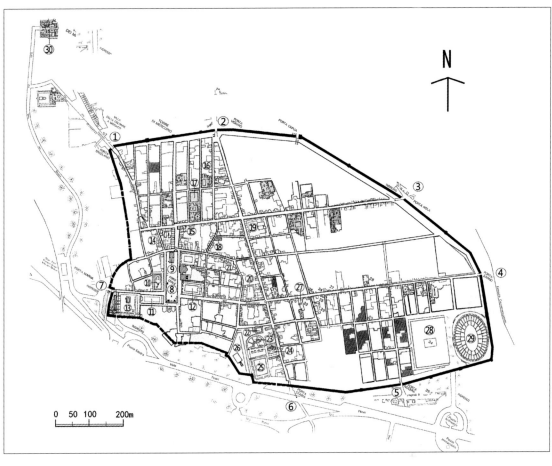

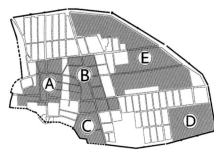
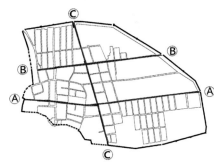

5.1-1 庞贝古城总平面

1- 赫库兰尼姆门；2- 维苏威门；3- 诺拉门；4- 萨尔诺门；5- 诺切拉门；6- 斯塔比亚门；
7- 海门也称玛丽娜门；8- 城市广场；9- 朱比特神庙；10- 阿波罗神庙；11- 庞贝大会堂；
12- 欧马齐娅厅；13- 维纳斯神庙；14- 城市广场浴馆；15- 奥古斯都福祉庙；16- 维提之家；
17- 农牧神之家；18- 普里斯库斯面包店；19- 中央浴馆；20- 斯塔比亚浴馆；21- 萨姆尼特体育场；
22- 伊西斯神庙；23- 庞贝大剧场；24- 庞贝小剧院；25- 方厅剧院；26-3 角形广场；27- 斯
代法努司漂布工场；28- 角斗训练学棕；29- 椭圆形露天竞技场；30- 秘仪山庄

5.1-2 庞贝城市功能分区

A- 庞贝古城的城市广场区；B- 庞贝古城中心区；C- 庞贝古城的剧院区；D- 庞贝古城的竞技场区；
E- 庞贝古城的尚未发掘区

5.1-3 庞贝古城道路体系

AA- 阿波坦查大街或称丰足大街；BB- 诺拉大街；CC- 斯塔比亚大街

157

	5.1-5
5.1-4	5.1-6

| 5.1-7 | |

5.1-4 从东侧俯视庞贝古城的城市广场和穿越广场的阿波坦查大街

5.1-5 庞贝古城的阿波坦查大街

5.1-6 庞贝古城主要干道路面设置凸起的"减速石"

5.1-7 庞贝古城的海门

5.1-8	
5.1-9	5.1-10

5.1-8 庞贝古城交叉路口供水的水池

5.1-9 庞贝古城维苏威城门楼

5.1-10 庞贝城的小水塔

5.2　庞贝古城的城市广场与街道
The Forum and Streets of Ancient Pompeii

庞贝的城市广场也称市民广场（Foro Civile）。庞贝城市广场是一处南北长约120m、东西宽约30m的矩形广场，城市广场三面柱廊围合，广场有多个出口，有利人流疏散。城市广场北侧的出口连接奥古斯塔里街（Via degli Augustali）街，奥古斯塔里街被认为是庞贝老城的北端，城市广场南端被阿波坦查大街（Via dell'Abbondanza）和玛丽娜大街（Via Marina）穿越，也可以认为是阿波坦查大街与玛丽娜大街在城市广场南端汇合。阿波坦查大街是庞贝最繁华的街道，阿波坦查大街穿越城市广场后再向西行便可通向海门。

城市广场北端的朱比特神庙（Tempio di Giove or Temple of Jupiter）是广场四周建筑群的主体。[55]朱比特神庙也称卡皮多利诺三位一体神庙（Temple of the Capitoline Triad），因为朱比特神庙内有3个小内殿（cella），它们分别供奉众神之王朱比特、神后朱诺（Juno）和智慧女神密涅瓦（Minerva）。朱比特神庙两边有保存完好的拱门，其东侧的拱门是尼禄凯旋门（Arco di Nerone or Arch of Nero），根据那不勒斯国家考古博物馆的复原图，可以想象尼禄凯旋门是一座很有气魄的纪念性建筑。穿越尼禄凯旋后可见到卡里古拉拱门（Arco di Caligola），它的东侧是奥古斯都福祉庙（Tempio della Fortuna Augusta），其规模不大，砖柱门廊向前突出，非常醒目。

庞贝城市广场西侧的中间是阿波罗神庙（Tempio di Apollo or Temple of Apollo）。据说公元前6世纪的阿波罗神庙也在同样的位置，柱式为爱奥尼式，但是没有留下确切资料。阿波罗神庙北侧是老城的中心，当时仅仅是一处进行商业活动的集市，罗马人统治庞贝后重建的阿波罗神庙改为科林斯柱式，城市广场建在阿波罗神庙东侧。阿波罗神庙南侧是庞贝的大会堂（Basilica），约建于公元前2世纪后期，是庞贝最古老的建筑物之一。大会堂的主入口朝西，面向城市广场；次要入口在北侧，朝向玛丽娜大街。庞贝大会堂西侧是维纳斯神庙（The Temple of Venus）。

---

[55] 朱比特是古罗马神话中众神之王，古希腊时代的神王是阿波罗（Apollo），庞贝在萨谟奈人统治时期信奉阿波罗。罗马人占领庞贝后，于公元前150年建造朱比特神庙，并且把它放在市民广场中最重要的位置。

阿波罗神庙北侧是粮食交易市场（Horrea），公元79年火山爆发前，粮食交易市场尚未竣工。粮食交易市场的北端还有一间公共厕所，设施完善。庞贝城市广场南端有3座规模不大、造型相似的建筑物，作为庞贝市行政办公的地方（Edifici pubblici or Municipal Buildings）。

庞贝城市广场东侧自北向南分别布置食品商场（Macellum）、家庭守护神圣所（Santuario del Lari Pubblici or Temple of Public Lares）、韦斯巴芗神庙（Tempio di Vespasiano or Temple of Vespasian）和欧马齐娅厅（Edificio di Eumachia or Building of Eumachina）。欧马齐娅厅前有高大柱廊，柱廊额枋上的一段铭文说明这座建筑物是按照欧马齐娅（Eumachia）的旨意建造的，欧马齐娅是掌管公众祭司的女神（public priestess），欧马齐娅同也掌管着羊毛工业，公元79年火山爆发前欧马齐娅厅是服装和羊毛交易市场。[56] 欧马齐娅厅的入口处有精美的白色大理石浮雕，据说是从其他建筑物移过来的。韦斯巴芗神庙祭奉古罗马弗拉弗王朝的韦斯巴芗皇帝，因受地形限制，神庙规模较小。神庙的平面并不规则，面向广场的庭院正中有一座白色大理石祭坛，祭坛四面有浮雕，正面的浮雕描绘以公牛做祭物的古罗马献祭场面。家庭守护神圣所虽然规模不大，平面很有特点，现在看到的只是残垣断壁。城市广场东侧北端的食品商场（The Macellum）有一个大内院，内院中央有个十二边形的尖顶建筑物，据说是换钱的地方，可见当时庞贝的经济相当繁荣。

---

⑤⑥ Antonio Irlando and Adriano Spano. Pompeii: The Guide to the Archaeological Site[M]. Pompeii: Edizioni Spano-Pompei,2011:34.

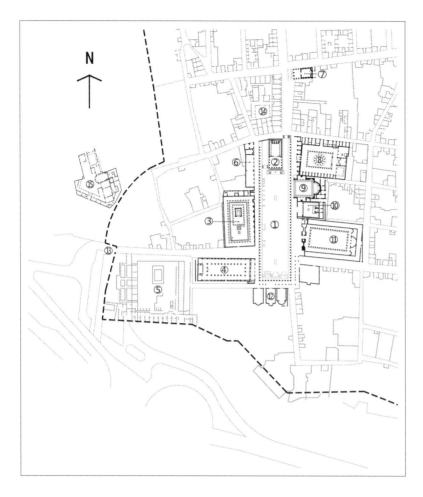

5.2-1　庞贝古城城市广场总图
1- 庞贝的城市广场；2- 朱比特神庙；3- 阿波罗神庙；
4- 庞贝大会堂；5- 维纳斯神庙；6- 粮食交易市场；7- 奥
古斯都福祉庙；8- 食品商场；9- 家庭守护神圣所；10- 韦
斯巴芗神庙；11- 欧马齐娅厅；12- 庞贝市行政办公处；
13- 海门；14- 城市广场浴馆；15- 郊区浴馆

5.2-2　从西侧俯视庞贝的城市广场遗址

5.2-3　庞贝的城市广场复原模型，建筑物编号与广场总图一致

5.2-4 从南向北望庞贝古城的城市广场与远处的维苏威火山
5.2-5 从西北向东南望庞贝古城的城市广场
5.2-6 从东南向西北望庞贝城市广场的柱廊
5.2-7 庞贝城市广场东北角通向奥古斯塔里街的拱门
5.2-8 庞贝城市广场西北角通向奥古斯塔里街的拱门

5.2-4	
5.2-5	5.2-6
5.2-7	5.2-8

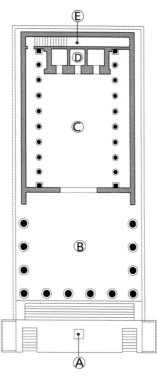

5.2-9　庞贝城市广场通向奥古斯塔里街的拱门曾经是尼禄凯旋门

5.2-10　庞贝城市广场的朱比特神庙平面
　　　　A- 祭坛；B- 门廊；C- 圣殿；D-3 个小内殿分别供奉众神之
　　　　王朱比特、神后朱诺和智慧女神密涅瓦；E- 通向夹层的楼梯

5.2-11 庞贝城市广场的朱比特神庙遗迹

5.2-12 庞贝城市广场的朱比特神庙复员想象图

5.2-13 庞贝城市广场的阿波罗神庙平面

A- 阿波罗神庙入口；B- 柱廊；C- 祭坛；D- 日晷；E- 门廊；
F- 圣殿；G- 宗教雕像基座；H- 庞贝城市广场的柱廊

5.2-14 庞贝城市广场阿波罗神庙前的阿波罗青铜像

5.2-15 庞贝城市广场阿波罗神庙遗迹

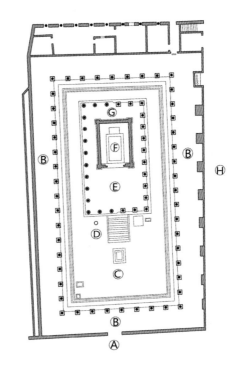

5.2-16 庞贝城市广场阿波罗神庙前的阿波罗青铜像

5.2-17 庞贝城市广场阿波罗神庙前的大理石台阶

5.2-18 庞贝城市广场大会堂平面
A- 庞贝城市广场的柱廊；B- 门廊；C- 大会堂入口；D- 柱廊；E- 宗教雕像基座；F- 法官席；G- 通向地下室的楼梯

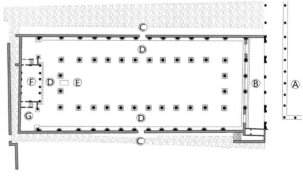

5.2-19	5.2-20
	5.2-21
	5.2-22

5.2-19 庞贝城市广场的大会堂透视

5.2-20 庞贝城市广场大会堂正面

5.2-21 庞贝城市广场大会堂的柱廊

5.2-22 庞贝城市广场大会堂的砖柱与
大理石柱头

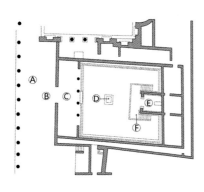

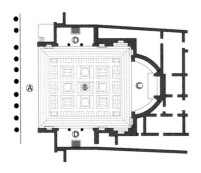

5.2-23 庞贝城市广场的韦斯巴芗神庙平面

A- 庞贝城市广场的柱廊；B- 韦斯巴芗神庙入口；C- 韦斯巴芗神庙柱廊；
D- 祭坛；E- 圣殿；F- 圣殿的楼梯

5.2-24 韦斯巴芗神庙遗迹

5.2-25 庞贝城市广场圣所家庭守护神圣所平面

A- 庞贝城市广场的平台；B- 祭坛；C- 半圆形的后殿；D- 双柱壁龛

5.2-26 庞贝城市广场家庭守护神遗迹

5.2-27 庞贝城市广场欧马齐娅厅前面的柱廊

5.2-23	5.2-24
5.2-25	5.2-26
5.2-27	

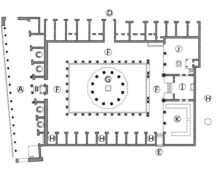

5.2-28　欧马齐娅厅的入口

5.2-29　欧马齐娅厅入口浮雕片断

5.2-30　庞贝城市广场的食品商场平面
　　　　A- 门廊；B- 纪念性入口；C- 货币兑换商；D- 入口；E- 入口；F- 回廊；
　　　　G- 卖鱼的圆形建筑物；H- 小店铺；I- 圣殿；J- 宗教学院；K- 卖鱼的
　　　　房间

5.2-31　从庞贝城市广场望食品商场

5.3 庞贝古城的剧院与竞技场

Amphitheatres and Colosseum of Ancient
Pompeii

庞贝城的剧场区、竞技场区与城市广场并列在古城南端，相对集中，不仅面向大海，而且靠近城门，剧场区居中，竞技场区与城市广场在东、西两侧，互相保持一定距离。庞贝城的剧院区靠近斯塔比亚大街南端的斯塔比亚城门，剧院区内容丰富，包括多立克神庙（Tempio Dorico）、大剧场（Teatro Grande）、小剧场（Odeion）、伊西斯神庙（Tempio di Iside）、萨姆尼特角斗士营房（Samnite Palaestra）、角斗士营房（Caserma del Gladiatori）和一处带围廊的三角形广场（The Triangular Forum）。

大剧场建于公元前 2 世纪，模仿希腊露天剧场的制式，观众席充分利用地形，可容纳 5000 观众，三条水平方向的半圆形走道将观众席分为 3 层，纵向的阶梯通道又将观众席分成 5 区，前排观众席中 4 排宽敞的座位是城市元老院成员的专席。大剧场的人流疏散问题也解决得很好，主入口在西侧，通向围廊广场，北侧和东侧另有疏散人流的通道。大剧场的乐队池为马蹄形，后台是一幢外形为矩形的 2 层建筑物，首层是大厅，2 层为化妆用房，朝向观众的立面装饰性很强，饰有两层的壁龛和雕像。大剧场的屋顶是后期增加的，材料为帆布，支撑帆布屋顶的绳索两端分别固定在后台屋顶和观众席后侧围墙顶部的铁环上。设计大剧场的建筑师是马尔库斯·普里姆斯（Marcus A. Primus），他原是罗马帝国时代的奴隶，被解放后成为自由民。小剧场建于公元前 80 年，可容纳 1500 观众，用于小型演出。角斗士营房布置在大剧场舞台后面，多立克式柱廊围绕着一片绿地，这里曾经是演员的休息区，公元 62 年的大地震后改建为角斗士营房，并且增建了宿舍和食堂。

伊西斯神庙建在剧场区显得有些拥挤，建在剧场区的神庙还有朱比特·美力丘斯神庙（Temple of Jupiter Meilichios）和多立克神庙（Doric），说明当时庞贝相当繁荣，因而城内的土地紧缺。伊西斯神庙始建于公元 2 世纪初，平面布局不同寻常，神庙入口建在东北角，面向以伊西斯命名的大街。伊西斯神庙四周高墙围合，高墙内侧是柱廊，神殿建在内院中央的高台上，入口朝东，入口前是柱廊，南侧还有小台阶通向神殿侧面入口。神殿内供奉伊西斯像，神殿入口两侧的壁龛内分别供奉哈尔波克拉特斯（Harpocrates）和阿奴比斯（Anubis），这两位神祇和伊西斯

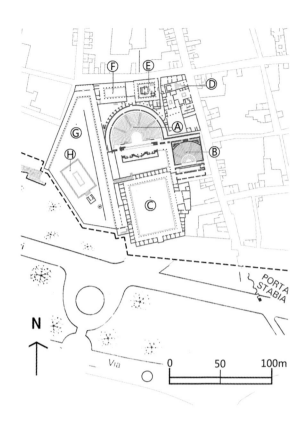

5.3-1 庞贝古城的剧院区平面
A- 露天大剧场；B- 小剧场或
音乐厅；C- 剧场方庭；
D- 朱比特神庙；E- 伊西斯神
庙；F- 萨姆尼特体育场；
G- 三角形广场；H- 多立克
柱式神庙

被认为是"三位一体"。[57] 神殿后墙外侧设有神龛,供奉酒神狄奥尼索斯(Dionysus)。神庙的东南角有一幢没有屋顶的 "净礼室" （Purgatorium）,是信徒举行净礼仪式的地方,净礼室的地下室有一个贮存净水的水池。伊西斯神庙西侧是很大的会议室和学习室,南侧是神职人员的住房。

庞贝城的竞技场区坐落在城内的东南角,竞技场区包括椭圆形的露天竞技场（Amphitheatre）和矩形场地的角斗训练学校（Palaestra）。椭圆形的露天竞技场建于公元前 70 年,可容纳 2 万观众,接近、甚至超过庞贝城市居民的人数。为了解决人流安全疏散问题,竞技场不仅设计了足够数量的出入口,而且附近街区的道路均不允许车辆通行。庞贝城的角斗训练学校始建于公元前 27 年,占地 141m×107m,训练场地有 3 面回廊围合,回廊内侧还有树林围合,面向竞技场的东侧开敞。角斗训练学校的建立是奥古斯都的意见,因为角斗使青年人在意志和体力上得到训练,最终可提高军队的素质。[58]

---

[57] 埃及人对伊西斯的崇拜近 3000 年,她被敬奉为理想的母亲和妻子、自然和魔法的守护神。伊西斯是奴隶、罪人、手工业者和受压迫者的朋友,她也听取富人、少女、贵族和统治者的祷告。希腊也很早就流传着对伊西斯的崇拜,古罗马从公元前 1 世纪开始崇拜伊西斯,到了帝国时期,对伊西斯的尊奉受到了国家的保护,随着罗马帝国的权力发展,遍及帝国各地。哈尔波克拉特斯是古希腊神话人物之一,被认为是由古埃及鹰头战神荷鲁斯发展而来。 阿努比斯是埃及神话的死亡之神,他与木乃伊制作、死后复活有关。

[58] Salvatore Ciro Nappo. Pompeii [M]. Vercelli: White Star S.r.l.,2004：36.

5.3-2　庞贝剧场区模型

5.3-3　俯视庞贝剧场区的大剧场

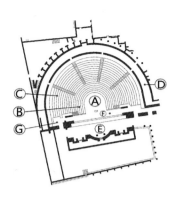

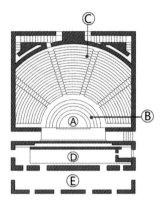

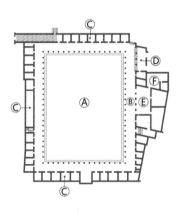

5.3-4 庞贝剧场区的大剧场平面

A- 管弦乐队；B- 前排元老院成员的专席；C- 后排普通观众席；D- 拱形通道；E- 舞台；F- 乐队入口；G- 廊台

5.3-5 庞贝剧场区大剧场观众席后面的通道

5.3-6 庞贝剧场区的小剧场平面

5.3-7 庞贝剧场区小剧场透视

5.3-8 庞贝剧场区的训练场平面

A- 训练场地；B- 回廊；C- 办公室或卧室；D- 纪念性入口；E- 餐厅；F- 服务用房

5.3-9 俯视庞贝剧场区训练场

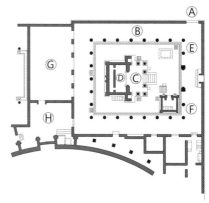

5.3-10	5.3-11
5.3-12	5.3-13
5.3-14	5.3-15

5.3-10　从庞贝大剧场舞台一侧望剧场区训练场

5.3-11　庞贝剧场区伊西丝神庙平面
　　A- 入口；B- 回廊；C- 神庙门廊；D- 神庙圣殿；E- 神井；F- 净身室；G- 集会室；H- 教室

5.3-12　庞贝剧场区柱廊围绕的伊西丝神庙

5.3-13　庞贝剧场区伊西丝神庙透视

5.3-14　庞贝城的竞技椭圆形的露天竞技场平面
　　A- 中央的竞技场地；B- 前排元老院成员的专席；C- 中区普通观众席；D- 高区妇女和儿童的观众席；E- 屋顶层；F- 外走道；G- 入口楼梯；H- 角斗训练学校；I- 庞贝竞技场的入口；J- 萨尔诺门；K- 诺切拉门；L- 贝壳中的维纳斯住宅

5.3-15　俯视庞贝竞技场区椭圆形的露天竞技场

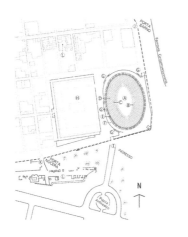

5.3-16　庞贝竞技场区椭圆形的露天竞技场外侧透视

5.3-17　庞贝竞技场区椭圆形的露天竞技场内透视

5.3-18　登上庞贝椭圆形露天竞技场的室外楼梯

5.3-19　庞贝椭圆形露天竞技场室外楼梯透视

5.3-20　从回廊下望椭圆形露天竞技场旁的角斗训练学校

5.4　庞贝古城的多种服务设施
Multiple service facilities of Ancient Pompeii

　　古罗马的浴场是生活中极为重要的公共活动场所，全国都是如此，各地公共浴馆的功能要求基本一致，但是规模和布局相差很多。庞贝城内的斯塔比亚浴馆（Stabian Baths）是一处有代表性的中等规模的公共浴馆，浴馆始建于公元前2世纪，公元前80-70年扩建。斯塔比亚浴馆布置在庞贝城两条主要干道的交叉口，浴馆占据市中心近似梯形的地段，布局非常合理。斯塔比亚浴馆分男、女两个洗浴区，两个浴区分别有各自的出入口，男浴区出入口朝南沿东西向繁华的阿波坦查大街，女浴区出入口朝西、沿南北向的区间小路，区间小路相对僻静而且通向妓院，因为当时庞贝城有身份的女子一般不到公共浴馆洗浴。洗浴顾客经浴馆门厅可以直接进入冷水浴室，或者经更衣室后进入温水浴室，然后再进入热水浴室。斯塔比亚浴馆设计非常紧凑，建筑物沿场区周边布置，中央是一片绿地，绿地东、南两面柱廊围合，绿地是顾客的健身区。绿地东侧和南北两侧是男、女浴室，热水炉房布置在男、女热水浴室之间。绿地西侧是浴馆的辅助用房，辅助用房的中间部位有一个露天游泳池，游泳池与绿地连通，中间没有柱廊分隔。

　　斯代法努司漂布工场（Fullery of Stephanus）是庞贝城4座大漂布工场之一，漂布工场原先是洗衣店，洗衣店的上层是住房，据推测，斯代法努司可能是工场主人的名字，因为漂布工场的外立面有斯代法努司的竞选广告。斯代法努司漂布工场入口在北侧，穿过门厅首先进入中庭，中庭内原有积存雨水的方形蓄水池（impluvium），洗衣店改为漂布工场后，中庭内建造了漂洗水池。漂布工场南侧穿越餐室和接待室间的过道后，另有一处回廊环绕的庭院，庭院内布置染色用的大缸，漂布工场的南端为厨房，南侧的庭院和四周的建筑物原先属于另一个主人。漂布工场的二层增加了平台，可以晾晒布匹或衣服。

　　普里斯库斯面包店（Bakery of Priscus）位于诺拉大街（Via di Nola）与奥古斯塔里街（Via degli Augustali）之间的一条小路上，面包店的主人是波皮迪尤斯·普里斯库斯（Popidius Priscus），庞贝城有34家面包店，普里斯库斯面包店只是其中之一。[59]

---

[59] Pier Giovanni Guzzo Antonio d'Ambro. Pompeii[M]. Electa Napoli: 《L'Erma》di Bretschneider,1998:70.

5.4-1 庞贝古城中心区平面
A- 斯塔比亚公共浴馆；B- 中心浴馆；C 普里斯库斯面包店 -；D- 庞贝古城的"独立妓院"；E- 斯代法努司洗衣店；F- 斯塔比亚中央大街和阿波坦查大街的交口处

普里斯库斯面包店与主人的住宅相连，中间有小门相通。面包店的作坊内有4座石磨，石磨由两块坚硬的火山岩制成，两块岩石固定在一个轴心上，石磨的上部分呈漏斗状，石磨的下部分固定在石块砌筑的圆台上，小麦放在石磨上部分的漏斗内，木杠插入石磨上部分的孔口内，牲口拉着木杠不停地围着石磨转，磨制面粉。石磨旁有一座砖砌的大烤炉，以木材为燃料，烤制面包。普里斯库斯面包店的店面对外营业，既零售也批发。庞贝古城内还有许多供应熟食的小餐馆和小酒馆，规模不大，甚至只有一间小屋，柜台邻街设置，有些酒馆的第二层提供色情服务。

庞贝古城的色情服务行业比较发达，已经发掘出有妓院（lupanar or brothel）25处，最大的一处妓院是一座两层的小楼，位于两条小路的交叉口。妓院首层有5间小卧室，每间小室有一个高窗，中间是通道，通道尽端是公用厕所，两个出入口通向两条小路。通向妓院二层需从沿街的另一个入口登上楼梯，楼上另有5间小室，休息平台处有管理人员。妓院首层墙面布满色情的涂画和留言，石头砌筑的单人床上仅有一个床垫，二层没有对外开放，据说墙上的画相对文雅，昔日光顾妓院的人多为奴隶或自由民。本书介绍的妓院不仅是庞贝古城最大的妓院，也是庞贝唯一的"独立妓院"，其他的妓院为沿街的单独房间或附设在小饭馆的楼上。[60]

⑥ Pier Giovanni Guzzo Antonio d'Ambro. Pompeii[M]. Electa Napoli: 《L'Erma》di Bretschneider,1998:72.

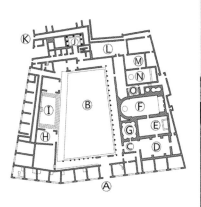

5.4-2	5.4-3
5.4-4	5.4-5
	5.4-6

5.4-2 从南侧望斯塔比亚浴馆绿地与东侧柱廊

5.4-3 斯塔比亚浴馆柱廊内的雕像

5.4-4 斯塔比亚公共浴馆平面
A- 男入口；B- 回廊庭院；C- 门厅；D- 男更衣室；E- 男温水浴室；F- 热水浴室；G- 冷水浴室；H- Nymphaea；I- 游泳池；J- 厕所；K- 女入口；L- 女更衣室；M- 女温水浴室；N- 女热水浴室；O- 加热设备

5.4-5 从斯塔比亚浴馆廊柱内望绿地

5.4-6 斯塔比亚公共浴馆冷水浴室

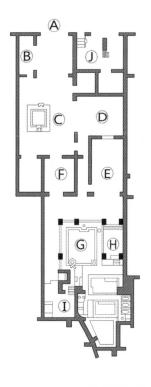

5.4-7　斯塔比亚浴馆冷水浴室

5.4-8　斯塔比亚浴馆热水浴室半圆龛

5.4-9　斯塔比亚浴馆热水浴室架空地面

5.4-10　斯代法努司洗衣店平面

A- 入口；B- 门卫；C- 中庭；D- 绘图室；
E- 餐室；F- 家谱室；G- 回廊庭院；H- 染色
大缸；I- 厨房；J- 店铺

5.4-15	5.4-16
5.4-17	5.4-18
5.4-19	5.4-20

5.4-15 普里斯库斯面包店的石磨与烤炉

5.4-16 通向普里斯库斯面包店的小街

5.4-17 普里斯库斯面包店平面
A- 入口；B- 门卫；C- 中庭；D- 绘图室；E- 餐室

5.4-18 庞贝古城另一个面包店的石磨

5.4-19 带家神像的饭馆

5.4-20 带家神像饭馆的灶台

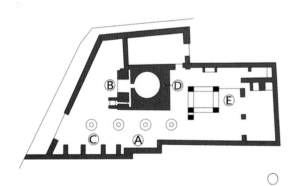

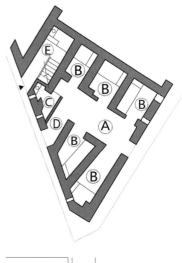

5.4-21 带家神像的饭馆可通
　　　 向后面的庭院

5.4-22 庞贝古城的"独立妓
　　　 院"平面
　　　 A- 门厅；B- 小房间；C-
　　　 厕所；D- 第二入口；E-
　　　 通向二层的楼梯

5.4-23 庞贝妓院前的小广场

5.4-24 通向庞贝妓院小路

5.4-25 庞贝妓院二层出挑

5.4-26 庞贝妓院室内的高窗
　　　 采光

5.5 庞贝古城的住宅

Houses of Ancient Pompeii

庞贝古城住宅的类型

古罗马人最早的住房很简陋，整座住宅就是一个大房间。墙是用晒干的泥砖砌筑的，一个角落里放着主妇的纺车、凳子和床，另一个角落就是厨房。厨房的烟气从屋顶中央的一个方洞排放，房间被烟气熏得很黑，这种房子被称为"黑天井"。此后，有些去过希腊的古罗马人见到过希腊人的住房有围廊花园，非常羡慕，开始建造扩大天井的住宅，形成内院或中庭，并且在中庭两侧分隔出卧室，中庭不仅可以采光和通风，中庭中央的水池还可以收集雨水。此后不久，罗马人又发现中庭仍然有些狭窄，便在中庭后面建起有回廊环绕的希腊式花园（Peristyle），并且在花园四周建造单层或是两层的建筑物，作为卧室、餐厅、书房、起居室和厨房。住宅中庭四周的房间作为接待客人的休息厅，休息厅内陈列绘画、雕塑和主人从外地掠夺来的艺术品。贵族家庭的住宅便增加更多的柱廊庭院和花园，同时也增加了奴仆的住房和仓储用房。

庞贝的住宅有3种基本类型：第1种类型住宅是最简陋的住宅，前面是沿街店铺，后面是住宅；第2种类型住宅比较宽裕，前面是带中庭的接待用房，后面是有小天井的住宅；第3种类型住宅更加宽裕，前面是中庭式住宅，后面是1套或更多套回廊花园接待用房。1、2类住宅每户面积50-170m²，3类住宅每户面积175-3000m²。根据《庞贝与赫库兰尼姆的住宅和社会》（House and Society in Pompeii and Herculaneum）作者安德鲁·华莱士-哈德里尔（Andrew F. Wallace-Hadrill）的抽样调查和分析，约80%的庞贝住宅占地面积在100m²以内。[61]

庞贝的住宅布局并非都是按照上述规律建造的，例如福尔诺住宅（Casa del Forno）将住宅与面包房连在一起而且内部相同，又如青年住宅（Casa dell'Efebo）由3户住宅组合而成，共有4个入口，共享1个大花园，3户住宅的标高也并不一致。住宅布局不规律，显示出庞贝的住宅的建造并非统一规划，同

---

⑥ Andrew Wallace-Hadrill. House and Society in Pompeii and Herculaneum [M]. New Jersey: Princeton University Press,1994:78.

时也说明庞贝城内的土地相对紧缺。庞贝住宅的规模和布局不仅与住宅主人的财富有关，更重要的是与社会地位有关，庞贝最大的住宅占地面积达3000m²，大户型住宅增加的面积是公共活动空间，而不是卧室。古罗马的贵族、官员和富商需要不断扩大自己的社交圈，他们的住宅不仅是为了居住，社交活动是他们住宅的核心，这个特点在本书第4章中已详细描述。

　　庞贝古城的居民对住宅的室内装修很重视，因为当时住宅室内采光不足，装修可以改善室内环境。德国考古学家奥古斯特·马乌（August Mau，1840-1909）将庞贝住宅的室内装修分为4种风格：第一种风格名为砖石风格（masonry style），以不同材质、不同色彩的砖石进行组合，镶嵌在墙面上，作为装饰；第二种风格名为建筑学的风格（architectural style），受舞台布景的启示，在室内墙壁上画出建筑物透视，产生空间扩大的视觉效果；第三种风格名为装饰风格（Ornamental Style），将室内的每片墙面分成几个图框，每个图框中央有一幅描绘神话或田园风光的绘画；第四种风格名为错综复杂的风格（Intricate Style），第四种风格综合第二和第三种风格，绘画的内容更加丰富。庞贝住宅的室内装修不仅反映出主人的财富和社会地位，也会反映出主人的文化素养，装饰性的绘画有助我们了解古罗马的风土人情。以下是3个庞贝住宅的实例。

贝壳中的维纳斯住宅

　　贝壳中的维纳斯住宅（House of Venus in a Seashell）是罗马帝国时期庞贝流行的住宅类型，靠近庞贝古城的竞技场区，入口朝北，面向阿波坦查大街。入口内有一个塔斯干（Tuscan）柱式的中庭，穿越中庭后是一个有柱廊的花园。住宅的名称是因为宅内花园尽端有一幅《贝壳中的维纳斯》（Venus in a Seashell）大幅壁画，画中的维纳斯全身赤裸，依躺在一只巨大的贝壳中，披纱被海风吹起，贝壳漂浮在海面，维纳斯的前后都伴有一位小爱神。这幅作品比较平庸，甚至有些粗糙，显然并非出自名家之手。《贝壳中的维纳斯》左侧还有一幅站在石墩上的战神马尔斯的画像。

维提之家及其隐喻性壁画

　　维提之家（La Casa dei Vettii）的主人是罗马帝国时期的两位自由民（liberti or freedmen），也是被解放的奴隶，在宅内发现过二人的青铜印章。其中一位是威提乌斯·雷斯提土斯（A. Vettius Restitutus），另一位是威提乌斯·贡维瓦斯（A. Vettius Convivaes），他们是庞贝有名的商人。威提乌斯·贡维瓦斯是拥戴奥古斯都的人，也是奥古斯都学会（College of Augustales）的成员，街上的竞选广告中也有他的名字。

维提之家占地 1100m²，根据考古分析，这幢建筑物经过扩建和改建，至少是两幢建筑物合并后改建的。维提之家建在庞贝城内西北方向的居住区内，位于诺拉大街和一条小街的转角处，主入口朝东。进入维提之家主入口后有一条东西向的主轴线，中庭和回廊花园沿主轴线布置，主入口北侧还有一个为住宅服务区提供采光的小中庭。维提之家共有大小房间 22 间，主入口两侧沿街部分均为两层建筑，南侧有 12 个房间，其他 10 个房间分布在入口北侧。维提之家的首层均为公共活动用房和相应的辅助用房，二层是卧室。维提之家的室内壁画很丰富，最引人注目的是一幅古罗马的"生殖之神"（Priapus）壁画，壁画特殊之处在于这位神灵用天平的一端吊着他本人硕大的阳具，天平的另一端是装满银两的钱袋。[62]这幅"生殖之神"壁画很难确定为色情绘画，有人认为住宅的主人虽有"生殖崇拜"的思想，更重要的是想宣扬"金钱的力量"，也可以理解为这幅壁画既可张扬家庭的经济实力，又能表达个人的雄心，具有不同的隐喻作用。无论如何，这种壁画毕竟是放在大门口，令后人难以接受。维提之家的壁画多数描绘古罗马神话故事，水平参差不齐。主入口北侧服务区中庭内有一座科林斯柱式的小型家神坛，神坛中的壁画很典雅，正中的神祇正在进行酹酒礼，两边是跳舞的家神，下面画着一条头上有冠的蟒蛇，蟒蛇是家神像中常见的吉祥物。在维提之家的餐厅内有两幅保护较好的壁画，左边一幅是《战神海格力斯屠蛇》、右边一幅是《快活酒神的女侍从杀死底比斯的国王》，两幅神话故事壁画间又有两幅建筑透视的壁画，在故事型壁画两侧安排建筑学风格壁画是庞贝住宅室内设计常见的做法。

农牧神之家及其著名的镶嵌画

农牧神之家（Casa del Fauno）沿诺拉大街，占据一个街区，是庞贝城内最大的住宅，住宅的主人至今不详，应当是一位贵族，否则难有实力建此类住宅。住宅内有一座精美的青铜农牧神（Fauno or Faun）雕像，住宅因而得名。[63]农牧神之家沿诺拉大街不仅有 2 个朝南入口，而且还有 4 个临街的商店，生财有道。

农牧神之家占地约 3000m²，建造于公元前 180-170 年，建筑布局既严谨又有

---

[62] Pier Giovanni Guzzo Antonio d'Ambro. Pompeii[M]. Electa Napoli:《L'Erma》di Bretschneider,1998：60.

[63] 农牧神在罗马神话中，是指一些半人半羊的精灵，生活在树林里。罗马人将其与希腊神话中的潘（Pan）连结对应。在魔幻小说与游戏中一般被译成"半羊人"或"羊男"。

特色，不仅功能布局合理而且有明显的南北向中轴线，沿着中轴线布置有纪念性的院落、房间和雕塑。穿越主入口的门厅后首先进入经典的托斯卡纳式中庭，中庭的中央是承接雨水的水池，水池中央立着一尊舞蹈形象的农牧神青铜像，中庭正对面是家谱室（tablinum）。中庭东侧通向一处4柱式中庭，4柱式中庭四周是辅助性房间和奴仆的住房，4柱式中庭向南可通向农牧神之家沿诺拉大街的另一个入口，向北可通向住宅内的厨房、厕所和浴室。农牧神之家第二个院落是横向的回廊花园，回廊采用爱奥尼式柱廊。花园北侧中间有一个开敞式客厅和一个过厅，开敞式客厅是农牧神之家最重要的房间，著名的《亚历山大与波斯国王大流士之战》的镶嵌画就在客厅的地面上，本书第1章第9节中已有介绍。《亚历山大与波斯国王大流士之战》是一幅陶瓷锦砖镶嵌画，这幅镶嵌画部分已被损毁，现已被移到那不勒斯博物馆收藏，现场展示的是复制品。我有幸在那不勒斯的国家考古博物馆内目睹了这幅作品的原件，这么珍贵的镶嵌画不知庞贝人为什么舍得铺在地上。经农牧神之家的过厅可通向后面第三个院落，更大的、接近正方形的回廊花园。农牧神之家最后面的回廊花园规模很大，回廊由44根多立克式砖柱组成，砖柱外面以泥灰粉饰，花园北端有一排辅助用房与城市街道隔离，同时也有一个后门通向街道。

秘仪山庄与秘仪壁画

秘仪山庄（Villa dei Misteri or Villa of the Mysteries）距庞贝古城的埃尔科拉诺的城门仅400m，是古罗马城郊住宅最优秀的范例之一。秘仪山庄建在一片坡地上，场区北高南低，山庄总体布局井然有序，有明显的东西向轴线。主入口在主轴线东侧，入口处有个较大的门厅，穿越门厅后是回廊围合的花园，花园西侧连接着中庭和客厅。主轴线西端是客厅与半圆形观景平台，可望大海，观景台两侧是布局对称的绿化。主轴线南侧安排生活居住用房，朝向和景观较好；主轴线北侧靠近农田，布置生产辅助用房。秘仪山庄南区的生活居住用房建于公元前2世纪，是山庄的一期工程，山庄北侧的生产辅助用房是山庄的2期工程，建于公元1世纪。

秘仪山庄南区有一间宴会厅（Biclinium），是以壁画闻名的"秘仪大厅"（Hall of Mysteries）。大厅内壁画制作于公元前80年，以公元前4世纪或3世纪的一幅希腊绘画为蓝本，这幅壁画不仅是古罗马最好的壁画，在西方古代美术史上也占有重要的地位。秘仪大厅内的壁画总长17m、高3m，壁画中的人物按照真人的尺度，栩栩如生。这幅壁画被称为《酒神秘仪》（Dionysiac mysteries），山庄也因此画得名。山庄北区有一处酿葡萄酒的房间，昔日酿酒的工具保存完好，考古工作发现山庄的主人曾经将山庄转让给他人，并且扩大了酿酒的生意，或许与秘仪壁画宣传的"酒神秘仪"活动有关。

秘仪壁画的内容是描绘青春期少女参加 "秘仪"活动的启蒙过程，表现方式为横向长卷连环画，有些像我国的《韩熙载夜宴图》。有人把秘仪山庄的壁画从左向右划分成 10 幅，进行分析：第一幅是 "阅读礼仪书"，图中的裸体少年在阅读书卷，一位贵族夫人（可能是少年的母亲）坐在他旁边，少年左侧围着头巾的妇女是守门人或女祭司，右侧手捧祭盘的少女正走向准备祭礼活动的女祭司；第二幅画是 "准备祭礼"，画面中间的人物是准备祭礼活动的女祭司，两侧是她的助手；第三幅画是 "音乐伴奏"，画面左侧弹里拉琴的是酒神狄奥尼索斯（Dionysiac）的伙伴西勒诺斯（Silenus），中间是吹笙箫的森林之神（satyr），右侧的少女在喂羊；第四幅画是 "惊慌的少女"，少女似乎受到右侧发生情景的恐吓而试图逃走；第五幅画是 "西勒诺斯献酒"，西勒诺斯坐在石墩上，手持酒碗在给一个少年献酒，少年背后的人右手举着恐怖的面具，试图利用酒碗中面具的倒影对少年施加压力；第六幅画是 "狄奥尼索斯与阿里阿德涅"，酒神狄奥尼索斯因酒醉或过累，坐在凳子上，上身靠在女神阿里阿德涅（Ariadne）的身上；第七幅画是 "揭示阳具"，一位少女跪在地上，肩上扛着权杖，用手揭开她面前物体的遮盖物，露出像似树根的物体，这种物体被认为是狄奥尼索斯的象征，也是 "阳具"的象征；第八幅画是 "鞭笞后的少女和裸体狂舞的少女"，在前一幅画中有一位带翼的仙女手持马鞭，本幅画中的少女显然已被鞭打，她跪在地上，头部伏在一位夫人的膝盖上，寻求保护，受鞭笞少女右侧裸体狂舞的少女是酒神的崇拜者；第九幅画是 "少女与爱神"，启蒙结束后的少女换上新衣，两侧是小爱神爱罗斯（Eros）；第十幅画是 "酒神的忠诚守护者"，一位妇女泰然地坐在椅子上，她是一位祭司或守门人。[64]

秘仪壁画是一幅价值很高的作品，从文化层面分析，这幅画生动地揭示了古罗马时代的一种宗教或社团活动，这种活动尚无历史文献记载，尽管人们对秘仪壁画有不同的解读，壁画毕竟是确凿的物证，有助后人进一步研究。秘仪壁画展示的活动一度在古罗马被禁止，因此，庞贝当局不允许秘仪山庄建在城内，这也是秘仪山庄建在城外的原因。[65]

[64] Antonio Irlando and Adriano Spano. Pompeii: The Guide to the Archaeological Site[M]. Pompeii: Edizioni Spano-Pompei,2011:90-93.
[65] 酒神与秘仪活动源于公元前 2700-1450 年古希腊的克里特文明时期（Minoan civilization），葡萄酒可以令人陶醉，使人兴奋，甚至失去知觉，人们把它与多神论的宗教联系在一起，引出酒神，并且形成一套仪式。古希腊时代有两类仪式，一类公开的仪式称为酒神节，酒神节的活动有些像今日的狂欢节；另一类是秘密举行的活动，秘仪山庄壁画展示的活动属于后者。古希腊的酒神是狄奥尼索斯，古罗马时期的酒神改称为巴克斯（Bacchus），并且与掌管生育、栽培葡萄和酿酒的神祇丽伯特（Liber or Liber Pater）融合，同时强调了性行为。公元前 186 年，罗马共和国时期的元老院指责酒神秘仪活动腐败、堕落，下令取缔，酒神秘仪转入地下活动。

秘仪壁画不仅有宗教宣传作用,壁画改善室内环境的作用尤为突出。秘仪壁画构图完美,节奏清晰,人物形象生动,是室内装饰壁画难得的精品。壁画的背景为暗红色,下面是灰、黑色的底座,上面是彩色花卉的横楣。暗红色的背景被黑色竖向条带分隔,条带的间距并不一致,完全根据壁画的内容情节和画面构图的需要进行调整,疏密相间,堪称完美。最令人称赏的是画中的人物并没有局限在背景的框架内,重点人物不仅跨越过背景的框架,甚至在视觉上犹如跳出了画面,这种感受不仅是对壁画的艺术享受,也扩大了室内的视觉空间。

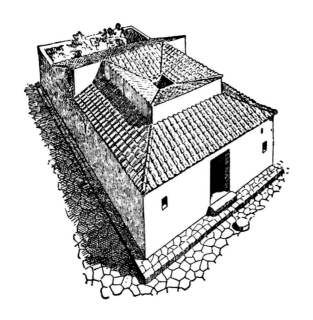

5.5-1 古罗马人的"黑天井"住房

5.5-2 古罗马贵族住宅后面有回廊环绕的希腊式花园

5.5-3 贝壳中的维纳斯住宅平面

1- 入口;2- 中庭;3- 卧室或多功能小房间;4- 餐室;5- 小客厅;6- 回廊花园;7- 卧室或多功能小房间;8- 接待厅;9- 大画室 Large drawing room;10- 服务用房;11- 花园尽端的《贝壳中的维纳斯》大幅壁画

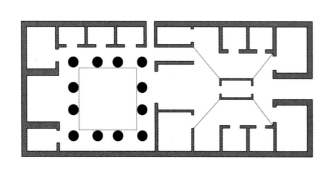

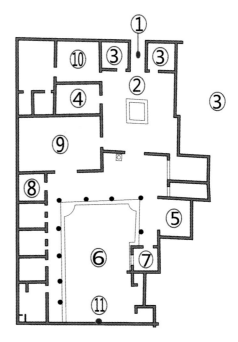

5.5-4

| 5.5-5 |
| 5.5-6 |

5.5-7 | 5.5-8

5.5-4 贝壳中的维纳斯住宅塔斯干柱式的中庭

5.5-5 贝壳中的维纳斯住宅的柱廊与花园

5.5-6 贝壳中的维纳斯住宅花园尽端有壁画

5.5-7 贝壳中的维纳斯住宅壁画

5.5-8 贝壳中的维纳斯壁画

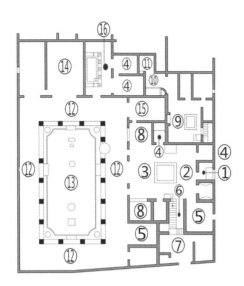

5.5-9 庞贝古城的维提之家平面

1- 入口门厅；2- 中庭；3- 方形蓄水池；
4- 多功能小房间；5- 接待厅；6- 通向上
层的楼梯；7- 马厩；8- 小客厅或仓储；9-
服务区中庭；10- 厨房；11- 龛入式的床；
12- 回廊；13- 绿化；14- 餐厅；15- 餐室；
16- 罗马花园或内部餐厅

5.5-10 维提之家入口前的街道

5.5-11 从维提之家入口望回廊花园

5.5-12 维提之家入口内的"生殖之神"壁画

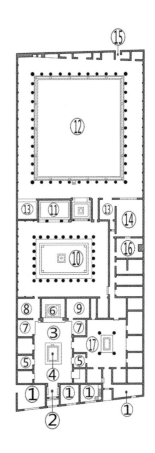

5.5-13　维提之家小型家神坛的壁画

5.5-14　维提之家的室内装修

5.5-15　维提之家的室内壁画《战神海格力斯屠蛇》

5.5-16　庞贝古城的农牧神之家平面

　　1- 商店；2- 入口门厅；3- 中庭；4- 方形蓄水池；5- 卧室或多功能小房间；6- 家谱室；7- 小客厅或仓储；8- 前厅或接待室；9- 接待厅；10- 横向回廊花园；11- 地面有《亚历山大与波斯国王之战》镶嵌画的开敞式小客厅；12- 大回廊花园；13- 餐室；14- 厨房 or 餐室；15- 后门；16- 洗浴区；17- 服务区中庭

5.5-17

5.5-18　5.5-19

5.5-20

5.5-17　农牧神之家入口

5.5-18　农牧神之家入口内水池中央立着
一尊舞蹈形象的农牧神青铜像

5.5-19　农牧神之家 第一个庭园

5.5-20　农牧神之家 第二个大庭园

5.5-21

5.5-22

5.5-23

5.5-21 远望农牧神之家第二个院落北侧中间开敞式客厅

5.5-22 花园北侧开敞式客厅地面上《亚历山大与波斯国王之战》镶嵌画

5.5-23 农牧神之家托斯卡纳式中庭复原示意图

5.5-24　庞贝古城的秘仪山庄平面
1- 入口；2- 回廊内院；3- 葡萄酒酿造；4-
中庭；5- 蓄水池；6- 小客厅；7- 绿化；
8- 客厅与半圆形观景平台；9- 柱廊通道；
10- 内院式厨房；11-4 柱式天井；12- 半
圆形休息室；13- 洗浴室；14- 宴会厅；
15- 秘仪山庄南侧入口

5.5-25　秘仪山庄回廊内院

5.5-26　秘仪山庄回廊

5.5-27　秘仪山庄观景平台的基座

5.5-28	5.5-29
5.5-30	5.5-31
5.5-32	

5.5-28　秘仪山庄的中庭与蓄水池

5.5-29　秘仪山庄的客厅与半圆形观景平台

5.5-30　秘仪山庄的四柱中庭

5.5-31　秘仪山庄观景平台两侧的绿化

5.5-32　秘仪山庄的酿酒设备

6 约旦的庞贝 – 古罗马的杰拉什
Pompeii of Jordan: Jerash of Ancient Rome

杰拉什古城坐落在约旦首都安曼市以北 48km 处，是约旦境内保存最完好的古罗马城市。根据约旦大学一个考古队的研究，早在新石器时代（公元前 7500-5500 年），杰拉什就有人居住生息。今日的杰拉什古城始建于古希腊时期，是闪米特人（Semites）开始兴建的，古城位于巴拉达河（River Chrysorrhoas or Barada）西侧。[66] 公元前 63 年，罗马军队占领了叙利亚及其南部包括杰拉什在内的一些城镇之后，杰拉什古城的建设继续按照希腊 - 罗马（Greco-Roman）建筑风格发展。公元一世纪初，罗马帝国皇帝图拉真在杰拉什建造道路，道路穿越约旦行省，使杰拉什商业得到发展。公元 129-130 年，罗马帝国皇帝哈德良访问杰拉什古城，杰拉什为此又建造了具有 3 个拱门洞的哈德良凯旋门（Arch of Hadrian），以示庆贺。公元 3 世纪初叶，由于罗马帝国政治动乱，杰拉什一蹶不振，以后又随着拜占庭帝国兴起，杰拉什最兴盛的时期，城区内的面积曾达到 80hm²。波斯人入侵和王朝的更迭，杰拉什又几度盛衰。公元 12 世纪初，十字军东征时期，杰拉什的阿耳特弥特神庙（Temple of Artemis）被改造成城堡。此后，又陆续建造了一些基督教堂和伊斯兰清真寺，改变了杰拉什古城的原有格局。

公元 8 世纪中叶，杰拉什古城经历几次强烈地震，尤其是 749 年的加利利地震（Galilee earthquake），许多建筑毁于一旦。公元 9 世纪，具有悠久历史的杰拉什销声匿迹，直到 1806 年才被德国的东方学者欧里赫·贾斯比尔（Ulrich Jasper Seetzen）发现。自 1920 年起，考古队在该城不断发掘出沉睡了几千年的文明古迹，由于杰拉什古城的经历颇似庞贝，因而常被称作"约旦的庞贝"或"中东的庞贝"。

杰拉什古城城墙内的面积约有 50hm²，城墙外有护墙河，护墙河与巴拉达河连通。杰拉什古城中间有一条笔直的约呈南北向的中央大道（cardo），两条东西向的次要道路（Decumanus）与中央大道垂直相交，形成规整的城市布局。杰拉什古城中央大道与巴拉达河近似平行，两条东西向的次要道路跨越巴拉达河时还建造了桥，今日的巴拉达河已改建为道路，昔日的桥也已被破坏。杰拉什古城中央大道西侧以宗教建筑和公共建筑为主，中央大道东侧遗址似乎尚未发掘，目前仅有一处东大浴池（Great East Baths）遗址。杰拉什古城中央大道南北两端各有一个城门，南门是城市的主要入口，进入南门前须经过哈德良凯旋门。哈德良凯旋门造型雄伟，

[66] Anna Maria Liberati and Fabio Bourbon. Ancient Rome: History of a Civilization that ruled the World[M]. Vercelli: White Star S.r.l.,2004: 262.

巴拉达河（阿拉伯语：ربدى / ALA-LC: Baradá；希腊语：Chrysorrhoas）是叙利亚首都大马士革的主要河流，其源头是巴拉达湖。巴拉达河通过一条陡峭狭窄的峡谷后，到达大马士革，在那里它分成 7 个分支，灌溉绿洲，最后消失在沙漠中。"巴拉达"名字被认为来自"barid"，即"冷"，古希腊的名字的意思是"金色水流"。

雕刻精细，并不亚于古罗马城内的凯旋门，是古罗马最大的凯旋门之一。古城的南门虽然也有 3 个拱门洞，但是造型相对单薄。

哈德良凯旋门西侧是战车比赛场（The Hippodrome）用于马车比赛（chariot racing），战车比赛场建在城外，有利人流疏散。战车比赛场建于公元 220-749 年，场地长 265m、宽 50m，可容纳 17000 观众，战车比赛场已修复的相当完好，战车比赛场的规模有助我们推测杰拉什古城昔日的人口。

杰拉什古城南门西侧是宙斯大神庙（The Great Temple of Zeus），宙斯神庙建于公元 162-163 年。神庙不仅建在高地上，而且建在一个高台上，可以俯览杰拉什古城的全景。宙斯神庙是杰拉什古城内最高、最大的神庙，四周柱廊环绕，主立面有 8 根高大的科林斯柱，砖砌外墙上还有独特的壁龛。宙斯大神庙西侧是杰拉什古城的南剧场，南剧场有一排排阶梯式观众座席，视听效果良好。南剧场的舞台也具有一定规模，它是约旦境内现存 3 个罗马古剧场中最大的一个，至今仍用于大型的音乐和舞蹈表演，每年的杰拉什音乐节在这里举行。宙斯神庙北侧是椭圆形广场（The Oval Plaza），椭圆形广场在古罗时代是少见的，广场长约 91m、宽约 80m，是地道的古罗马式建筑，椭圆形广场四周的爱奥尼柱廊建于公元一世纪前后。杰拉什兴盛时期，广场的四周被各种店铺环绕，店铺前面是宽敞、带顶的柱廊，供人行走，椭圆形广场的商业活动多于政治活动，与古罗马城内广场的性质有所不同。椭圆形广场不仅直通中央干道，而且与集市和南门相连接。

椭圆形广场是杰拉什古城中央主干道的第一个节点，中央干道的第二个节点是南四塔门（South Tetrapylon），中央干道的第三个节点是北四柱门（North Tetrapylon），中央干道北端的终点是杰拉什古城北门。四柱门和四塔门是中央主干道与两条东西向次要道路的交点。[67] 在椭圆形广场和南四塔门之间的中央主干道西侧有一处购物市场，购物市场中心有一个精心制作的喷水池，体现当时购物环境具有相当高的水准。南四塔门的西南角后期建造了阿巴斯王朝清真寺（Abassid Mosque），破坏了南四塔门圆形广场的完整。

阿耳特弥特神庙（Temple of Artemis）是杰拉什古城内另一组重要的建筑群，它也建在高地上。神庙建筑面积约 3.4hm²，与宙斯大神庙遥相呼应。[68] 阿耳特弥特神庙的东西两端均为六柱式门廊，科林斯柱式，是杰拉什古城最精美的建

---

[67] 杰拉什古城四柱门（Tetrapylon）或称四塔门，是古罗马立在十字交叉口的一种凯旋门。杰拉什古城的四塔门立在十字街交义口圆形广场的中心，四塔门由 4 个相同的塔墩组成，四柱门的平面为正方形，四面正中有拱形门洞，四角是正方形柱墩。这种四柱门在庞贝和赫库兰尼姆我们也见到过。

[68] 阿耳特弥特（Artemis）是古罗马的月神和杰拉什古城的守护神，在古罗马时代非常受杰拉什人的尊敬。虽然宙斯神庙规模比阿耳特弥特神庙大，但是阿耳特弥特神庙的建造先于宙斯神庙 15 年。

筑物之一，遗憾的是十字军东征时期曾经被改建为防御性城堡，神庙破坏较多，不能显示昔日的壮观场景。阿耳特弥特神庙入口南侧有一处罗马式纪念性喷泉（Nymphaeum），纪念性喷泉沿着中央干道，不仅非常雄伟，而且做工精细。

　　杰拉什古城北侧的剧场、集市和公共建筑物也颇具规模，并且保护完好，这使得我们对杰拉什古城有一个较为完整的了解。北剧场的地面铺砌陶瓷锦砖，图案简朴，与卡萨尔罗马别墅的陶瓷锦砖图案风格不同，或许是受东方文化的影响。

　　杰拉什古城内后期建造的教堂也有较大的破坏，少数也进行了修复。例如南门外，靠近战车比赛场的马里亚诺教堂（Church of Marianos），地面铺砌的陶瓷锦砖具有较高水准。

6-1　杰拉什古城总平面

1- 手工艺村；2- 哈德良凯旋门；3- 马里亚诺教堂；4- 赛马场；5- 访问中心；6- 南门；7- 东集市；8- 椭圆形广场；9- 宙斯神庙；10- 南剧场；11- 南北向中央大道；12- 博物馆；13- 购物市场；14- 阿巴斯王朝清真寺；15- 南四塔门；16- 南桥；17- 伍麦叶王朝的房子；18- 罗马式纪念性喷泉；19- 天主教堂；20- 圣西奥多教堂；21- 纪念性通廊；22- 奥斯曼建筑；23- 阿耳特弥斯神庙入口；24- 阿耳特弥特神庙；25- 西浴室；26- 北剧场；27- 以赛亚主教教堂；28- 北四柱门；29- 集市和公共建筑；30- 北门；31- 圣考克和达米阿那教堂；32- 圣约翰浸礼会教堂；33- 圣乔治教堂；34- 格内修斯主教教堂；35- 圣彼得与保罗教堂；36- 东大浴场

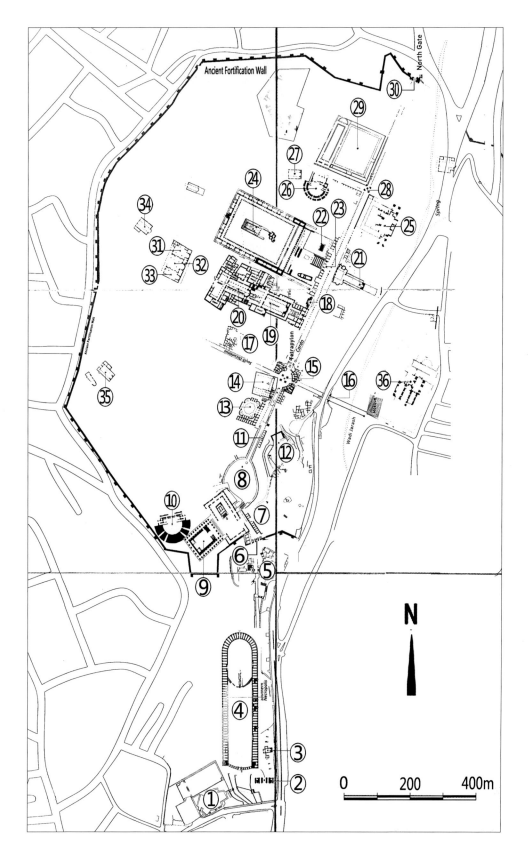

Ancient Fortification Wall

North Gate

Spring

Wadi Jarash

Cardo

Tetrapylon

South Tetrapylon

Wadi

Mosque

Southern Necropolis

N

0   200   400m

6-2

6-3   6-4

6-2   哈德良凯旋门透视
6-3   哈德良凯旋门南立面
6-4   哈德良凯旋门北立面

6-5

6-6 | 6-7

6-5 哈德良凯旋门山墙细部

6-6 杰拉什古城南门

6-7 杰拉什古城赛马场

6-8

6-9

6-10

6-8 杰拉什古城赛马场建在高
台上

6-9 从南侧望杰拉什古城赛马
场围墙

6-10 杰拉什古城赛马场看台
下的砖拱

6-11 杰拉什古城南门内集市的遗址，远处可见右侧椭圆形广场和左侧宙斯神庙

6-12 远望杰拉什古城宙斯神庙

6-13 仰视建在高台上的宙斯神庙

6-14	6-15
	6-16

6-14 宙斯神庙内殿

6-15 宙斯神庙砖墙上的壁龛

6-16 宙斯神庙基座上的雕刻

6-17　宙斯神庙连接图中左下侧是椭圆形广场

6-18　由宙斯神庙俯视椭圆形广场

6-19　椭圆形广场爱奥尼柱廊西侧

6-20 俯视椭圆形广场通向北四塔门

6-21 俯视杰拉什古城南侧剧场

6-22
6-23
6-24

6-22　杰拉什古城南侧剧场舞台

6-23　杰拉什古城南四塔门复原想象示意图

6-24　在杰拉什古城南四塔门中心广场北望中央
　　　　大道

6-25　从杰拉什古城主干道望南门

6-26　在杰拉什古城南四塔门中心广场望塔墩和中央大道

6-27 从主干道望北四柱门

6-28 北四柱门透视

6-29 杰拉什古城购物市场入口

6-30 杰拉什古城购物市场喷水池透视

6-31 俯视购物市场中的喷水
池及围廊

6-32 从南侧远望阿耳特弥特
神庙

6-33 阿耳特弥特神庙透视

6-34 远望阿耳特弥特神庙六
柱式门廊

6-35	6-36
6-37	6-38
6-39	

6-35 阿耳特弥特神庙内殿

6-36 从阿耳特弥特神庙内殿向下望入口遗迹

6-37 阿耳特弥特神庙入口透视

6-38 从东侧望阿耳特弥特神庙入口立面

6-39 阿耳特弥特神庙的科林斯柱头

6-40	
6-41	6-42
6-43	6-44

6-40 杰拉什古城的罗马式纪念性喷泉正面　　**6-43** 马里亚诺教堂地面铺砌的陶瓷锦砖

6-41 杰拉什古城的北剧场　　**6-44** 杰拉什古城的接待中心很现代

6-42 杰拉什古城北区集市和公共建筑

7 维特鲁威与《建筑十书》: 研究西方建筑学的起点

Vitruvius and "The Ten Books on Architecture": The beginning of Studying Western Architecture

约公元前 80 年或前 70 年，一位古罗马的工程师维特鲁威总结了当时的建筑经验后写成《建筑十书》。⑥《建筑十书》共十篇，内容包括：古希腊、伊特鲁里亚和古罗马早期"建筑学"的发展，从一般理论、建筑教育，到城市选址、建筑物场地选择、各类建筑物设计原理、建筑风格、柱式以及建筑施工和机械等。《建筑十书》是世界上遗留至今的第一部完整的建筑学著作。维特鲁威最早提出了建筑物的三要素"实用、坚固、美观"，并且首次谈到了把人体的自然比例应用到建筑物的尺度上，初步总结出了人体结构的比例规律。

这部 2000 年前的著作曾有多种译本，最具权威性、最清晰的译本应当是哈佛大学古典哲学教授莫里斯·希基·摩根（Morris Hicky Morgan, 公元 1859-1910 年）于 1914 年出版的英文译本。国内现有两种《建筑十书》的中文译本，遗憾的是两种译本均有原则性错误，最主要的错误是没有把"建筑学"（Architecture）的概念搞清楚，没有区分开"建筑学"（Architecture）与"建筑物"（Building），而是一律译为"建筑"，阅读时令人困惑。例如在 1986 年中国建筑工业出版社出版的高履泰译本中，把第一书第二章的标题译为"建筑的构成"，若按照哈佛大学出版社（Harvard University Press）1914 年出版的莫里斯·希基·摩根（Morris Hicky Morgan）英译本，第一书第二章的标题应译为"建筑学的基本原理"（The Fundamental Principles of Architecture）。此外，高履泰的译本中把第一书第四章的标题译为"动物的身体和土地的健康性"，若按摩根的英译本，正确的译法应为"城市的选址"或"城市的位置"（The Site of a City）。高履泰是根据 1943 年日文版翻译的，而日文版又是译自英文版，错误难免。2012 年北京大学出版社出版的《建筑十书》是陈平的译本，陈平在"中译者前言"第 22 页中特意提出：笔者还注意不要将 Architecture 译为"建筑学"，因为在维特鲁威那个时代并无"建筑学"的概念。这种观点显然是错误的，威特鲁威能够提出"建筑学"（Architecture）这个概念正是因为他看到了"建筑学"在那个时代的客观存在，才有可能提出"建筑学"的概念，而《建筑十书》也正是为了全面阐述"建筑学"的广泛内涵。⑦因此，

---

⑥ 维特鲁威全名是马尔库斯·维特鲁威·波利奥（Marcus Vitruvius Pollio，公元前 80- 前 25 年）是古罗马的作家、建筑师和工程师，他的创作时期在公元前 1 世纪，他的生平不详，连他的名字马尔库斯和姓波利奥也只是由伐温提努斯（Cetius Faventinus）提到过，他的生平年代主要是根据他的作品确定的。他出生时是罗马的自由民，可能是出生于坎帕尼亚，他曾经在凯撒的军队中服过役，在西班牙和高卢驻军，在军中制作过攻城的机械。他后期由罗马帝国皇帝奥古斯都直接授予养老金，维特鲁威生前可能并不太出名。

⑦ 唯物主义历史观认为物质是第一性的，先有了客观存在的现象，才能总结出相应的理论。17 世纪人类最伟大的科学家艾萨克·牛顿（Isaac Newton 1642—1727）坐在乡间的一棵苹果树下沉思，忽然一个苹果掉落到地上，他便想到：为什么苹果只向地面落，而不向天上飞呢？经过进一步的思考，他逐步发现所有的东西一旦失去支撑必然会坠下，继而他发现任何两物体之间都存在着吸引力，最终总结出著名的"万有引力定律"。

陈平将《建筑十书》译文的第一书标题译为"建筑的基本原理与城市布局"，本来应当是很清楚的标题，少了个"学"字，就变糊涂了，书中多处有此类问题。⑪顺便说一下，"The Ten Books on Architecture"本应当译为《建筑学十书》。⑫

维特鲁威在《建筑十书》第一书第一章中首先提出"建筑师的培养"，阐述了建筑师应当具备高尚的品格和各种知识，不仅要掌握理论知识，而且要会实际操作，包括绘图和体力劳动。建筑师要不仅要掌握绘制草图（sketches）、快速表现建筑物外貌，而且能够绘制施工图和计算建筑物的总造价（total cost of buildings）。建筑师不仅要掌握建筑学的专业知识，而且要求建筑师熟悉历史、哲学、法律学和天文学，能够理解音乐，对医学也并非茫然无知。维特鲁威对建筑师要求掌握的知识和才能力不仅广泛，而且严格。维特鲁威第一次提出"建筑师"的概念，同时也准确地提出如此全面的要求，令人钦佩。有人提出威特鲁威对"建筑学"的内涵阐述的并不明确，因为《建筑十书》是作者写给古罗马皇帝看的"总结报告"，类似我国古代的"奏折"，并非理论著作，更不是今日概念中的教材。而且原稿已经遗失，今日依据的拉丁文版本"原稿"仅仅是流传至中世纪的抄本。威特鲁威在"建筑师的培养"中对建筑师提出的要求，实际上已经涵盖了建筑学的基本内涵和建筑学涉及的相关知识。

《建筑十书》第一书第二章的标题为"建筑学的基本原理"（The Fundamental Principles of Architecture）。维特鲁威在建筑学的基本原理中提出六项要素：柱式（Order）、布局（Arrangement）、比例协调（Eurythmy）、对称（Symmetry）、适当（Propriety）和经济（Economy），六项要素中的前4项均涉及美学，在"适当"要素中论述自然环境应有利人体健康，在"经济"要素中谈及经济、造价等问题。著名的希腊三种柱式（Three Orders）在《建筑十书》中占据重要地位，三种希腊柱式对西方建筑学产生极大的影响。威特鲁威提出的古希腊三种柱式是：多立克柱式（Doric Order）、爱奥尼柱式（Ionic Order）和科林斯柱式（Corinthian Order）。文艺复兴时期的意大利建筑师达维尼奥拉（Da Vignola，1507-1573年）又进一步总结了古罗马的五种柱式（Canon of the five orders of architecture），在

---

⑪ 莫里斯·希基·摩根的英译本《建筑十书》中的各"书"并没有标题，陈平的中译本是根据芝加哥大学美术史副教授罗兰（Ingrid Rowland）英译本，罗兰的英译本中各"书"增加了标题。

⑫ "建筑学"和"建筑师"都是外来语，维特鲁威的《建筑十书》是用拉丁文写的，建筑学的拉丁文是"architectura"，欧美各国译成本国文字后的发音和拼写都差不多，汉语则完全不同，这也常给我国读者带来困惑。我国古代把建造房屋称"营建"或"营造"，梁思成先生在清华大学创办的建筑系最初称为"营建系"，1929年朱启钤和梁思成等人创办的中国古建筑研究机构称为"中国营造学社"。中国的周礼《考工记》把工匠建造都城称为"匠人营国"。据说"建筑"一词是从日语引入汉语的（参见《中国大百科全书》"建筑、园林、城市规划"篇p.1），但是日语"建筑"的发音和英语颇为近似。

古希腊三种柱式的基础上增加了塔司干柱式（Tuscan Order）和组合柱式（Conposite Order）。㉓直到 19 世纪末之前，古典柱式一直是西方建筑物的本质特征，并且作为一种文化意象被西方人所认同。

维特鲁威在《建筑十书》中还总结了各种类型建筑物的设计规律、细部做法、材料选择和施工方法等。在《建筑十书》第一书第三章"建筑学的范畴"（The Departments of Architecture）的第二节中，维特鲁威提出：建筑物的建造必须依据坚固耐久（durability）、使用方便（convenience）和美观（beauty）三项原则，威特鲁威提出的三项基本原则虽然在书中并未占据最重要的地位，却成为后世建筑设计的指导方针。《建筑十书》第一书第四章是"城市选址"（The Site of a City），阐述的内容非常全面。此外，该书还详细地论述了水源的选择和供水方式以及数学、天文学和声学对建筑物的影响等。

《建筑十书》引用的古罗马建筑学成就实例较多出自庞贝城，例如第五书第一章"广场与大会堂"（The Forum and Basilica），第三章"剧场：选址、基础与声学"（The Theatre: its site, foundation, and acoustics）等章节中，均介绍得非常翔实，我们有幸今日在庞贝城可以看到遗迹，是很好的设计范例。本书附上 3 张摩根英译稿的插图，插图是摩根选定的，说明摩根对《建筑十书》原稿理解的深度。摩根在"爱奥尼柱式对比图"中指出达维尼奥拉总结的《五种柱式规范》的爱奥尼柱式尺寸是统一的，其立柱的直径上细下粗，而《建筑十书》提出的古罗马实际工程的爱奥尼柱式的立柱上下直径是一致的。㉔

建筑学不仅是一门综合性的学科，而且是不断发展的学科。继威特鲁威之后，文艺复兴时期的建筑理论家莱昂·巴蒂斯塔·阿尔贝蒂（Leon Battista Alberti,1404-1472）首先发表了他的巨著《论建筑》（De Re Aa`edificatoria），进一步发展了威特鲁威的部分理论，阿尔贝蒂有意识地模仿威特鲁威，也将自己的著作《论建筑》分成 10 卷，该书成书于 1452 年，在 1485 年正式出版以前一直以手抄本形式流传。阿尔贝蒂的著作不断改进，1452 年的版本还特意将《论建筑》的标题改为"论建筑物的艺术十书"（On the Art of Building in ten books），以示对艺术的重视，尤其是装饰艺术，《论建筑物的艺术十书》的目录中有一半涉及

㉓ 达维尼奥拉意大利文艺复兴时期著名的建筑师与建筑理论家。1562 年，他发表了名著《五种柱式规范》，成了文艺复兴晚期以及后来古典复兴、折中主义建筑的古典法式。晚年，他曾到法国工作过，对法国文艺复兴建筑也产生了很大的影响。维尼奥拉是一位多才多艺的建筑师，他不仅擅长建筑设计，也从事过许多园林创作。他的代表性作品有：卡普拉罗拉的法尔尼斯府邸（1550 年）；罗马教堂尤利乌斯三世别墅（1550 ~ 1555 年）；巴尼亚亚的朗特别墅与水景园（1566 年）等。

㉔ 本书附上 3 张摩根英译稿的插图引自 Vitruvius, translated by Morris Hicky Morgan, PH.D, LL.D. The Ten Books on Architecture [M]. New York: Dover Publications,INC.,1914: 95、133、177.

艺术或装饰（Art or Ornament）。⑦ 阿尔伯蒂在第六书第二章中，精辟地分析了建筑物的美（Beauty），他认为"美是一个物体内部所有部分之间的合乎逻辑的和谐，因而，没有什么可增加的，也没有什么可减少或替换的，除非故意使其变坏。"⑦ 阿尔伯蒂以阿基米德的几何学作为依据，分析建筑物的轮廓（Lineaments），认为直角是最有用的，钝角相当有价值，锐角则从来不使用。圆形的面积据说能覆盖最大的范围。⑦阿尔伯蒂进一步分析了建筑物整体的分隔（compartition），通过缜密地组织（articulated）使每个部分、所有的线和角都结合到一个和谐的作品中，即一个尊重功能（utility）、尊严（dignity）和愉悦（deligt）的作品。⑦ 阿尔伯蒂将艺术形象和数学原理联系在一起，开创了在造型艺术中运用数学思维的先例。阿尔贝蒂还从人文主义出发，用人体的比例详细解释古典柱式，比威特鲁威在《建筑十书》中的论述提高了一个层次。威特鲁威在《建筑十书》第四书第一节中仅仅把多立克柱式与男子的身体相比，并指出男人的脚长是身长的六分之一。⑦《论建筑物的艺术十书》英译本的译者约瑟夫·里克沃特（Joseph Rykwert）在前言中指出：威特鲁威的"十书"仅仅是总结了过去的建筑物是怎样建造的，而阿尔贝蒂的"十书"则是告诉人们未来的建筑物应当如何建造。⑧此外，阿尔伯蒂还著有《论绘画》（Della pittura）和《论雕塑》（De statua），首次提出空间表现应基于透视几何原理，强调实物观摩，写真传神，面向自然及集聚素材创造理想典型等问题，奠定了文艺复兴的现实主义和科学技法的理论基础。阿尔贝蒂不仅是理论家，而且是有创造性的建筑师，他的主要作品有佛罗伦萨的鲁奇拉府邸（Palazzo Rucellai）、曼图亚的圣安德亚教堂（Sant' Andrea, Mantua）、里米尼的马拉泰斯塔诺教堂（Tempio Malatestiano, Rimini）、佛罗伦萨的新玛丽亚教堂（Santa Maria Novella，1456～1470）等。我在佛罗伦萨认真观察过新玛丽亚教堂，确实比例优美，正立面的方、圆几何形图案运用得体。阿尔伯蒂的理论著作和建筑作品不仅在文艺复兴时期影响很大，对现代建筑运动也有深远的影响，尤其是对 20

⑦ Leon Battista Alberti（Author），Joseph Rykwert ,Neil Leach and Robert Tavernor（Translators）. On the Art of Building in Ten Books[M]. Massachusetts: MIT Press, 1988:X.

⑦ Leon Battista Alberti（Author），Joseph Rykwert ,Neil Leach and Robert Tavernor（Translators）. On the Art of Building in Ten Books[M]. Massachusetts: MIT Press, 1988:156.

⑦ Leon Battista Alberti（Author），Joseph Rykwert ,Neil Leach and Robert Tavernor（Translators）. On the Art of Building in Ten Books[M]. Massachusetts: MIT Press, 1988:20.

⑦ Leon Battista Alberti（Author），Joseph Rykwert ,Neil Leach and Robert Tavernor（Translators）. On the Art of Building in Ten Books[M]. Massachusetts: MIT Press, 1988:23.

⑦ Vitruvius, translated by Morris Hicky Morgan, PH.D, LL.D. The Ten Books on Architecture [M]. New York: Dover Publications,INC.,1914:103.

⑧ Leon Battista Alberti（Author），Joseph Rykwert ,Neil Leach and Robert Tavernor（Translators）. On the Art of Building in Ten Books[M]. Massachusetts: MIT Press, 1988:156.

世纪 80 年代的后现代建筑思潮具有启示作用。

安德烈亚·帕拉第奥（Andrea Palladio，1508-1580）是继威特鲁威之后另一位古典建筑理论家，他潜心研究维特鲁威《建筑十书》，并且吸收文艺复兴的建筑成就，1570 年出版了名著《建筑四书》（I Quattro Libri dell' Architettura）。帕拉第奥的著作和建筑设计的影响在 18 世纪达到顶峰，"帕拉第奥主义"和"帕拉第奥母题"传遍世界各地。⑧¹帕拉第奥在维琴察设计的圆厅别墅（Villa La Rotonda）是文艺复兴时期古典主义的代表作，成为后世模仿的样板。

列奥纳多·迪皮耶罗·达芬奇（Leonardo Di Serpiero Da Vinci）是欧洲文艺复兴时期的天才科学家、发明家、画家。他是一位思想深邃、学识渊博、多才多艺的画家、天文学家、发明家、建筑工程师，他还擅长雕刻、音乐、发明，通晓数学、生理、物理、天文、地质等学科，既多才多艺，又勤奋多产，保存下来的手稿大约有 6000 页。他全部的科研成果尽数保存在他的手稿中，恩格斯称他是巨人中的巨人，爱因斯坦认为：达芬奇的科研成果如果在当时就发表的话，国际科技可以提前30-50 年。

《维特鲁威人》（Homo Vitruvianus）是达芬奇在 1487 年前后创作的世界著名素描画，画名是根据维特鲁威（Vitruvii）的名字确定的，这幅素描的魅力在于把抽象的几何学与观察到的人体现实相互结合，轮廓优美，肌肉结实。《维特鲁威人》是许多人熟悉的一幅画：一个裸体健壮的中年男子，两臂微斜上举，两腿叉开，以他的足和手指各为端点，正好外接一个圆形。同时在画中清楚可见叠着另一幅图像：男子两臂平伸站立，以他的头、足和手指各为端点，正好外接一个正方形，⑧²这幅画是根据维特鲁威的理论绘制的。维特鲁威在《建筑十书》第三书第一章"关于神庙和人体中的对称性"(On Symmetry, In Temples and in the Human Body)中指出："人体中自然的中心点是肚脐，因为如果人把手脚张开，作仰卧姿势，然后以他的肚脐为中心用圆规画出一个圆，那么他的手指和脚趾就会与圆周接触。不仅可以在人体上这样地画出圆形，而且可以在人体中画出方形。方法是由脚底量到头顶，并把这一量度移到张开的两手，那么就会发现高和宽相等，恰似平面上用直尺确定正

---

⑧¹ 帕拉第奥主义 （Palladianism）约 1720-1770 年在英国兴起的一场建筑艺术运动，其动力来自 16 世纪威尼斯建筑师安德烈亚·帕拉第奥，一个罗马建筑学家维特鲁威（Vitruvius）在文艺复兴时期（RENAISSANCE）的主要信徒。帕拉第奥母题（Palladian motive）是指对已建哥特式大厅进行改造，增建楼厅并加固回廊设计。原厅层高、开间和拱结构决定了外廊立面不适合传统构图，帕拉第奥创造性地解决了立面柱式构图，后人称之为"帕拉第奥母题"。帕拉第奥母题又常仅仅是指处于两个窗间墙壁之间的 3 个窗洞的处理，即当中的窗洞呈券形，高而且宽，两旁的窗洞呈竖向矩形，低而且狭。"帕拉第奥母题"代表作是维琴察（Vicenza）的巴西利卡（Basilica Palladiana）。

⑧² 《维特鲁威人》是一幅钢笔画素描，画在一张大纸上（13.5×9.5 英寸），现藏于威尼斯学院美术馆。

方形一样。"[83]达芬奇以比例最精准的男性为蓝本绘出《维特鲁威人》，因此后世也常以"完美比例"来形容画中的男性。

达芬奇在解剖学方面取得的成绩要远大于他在工程、发明和建筑学方面的成绩。他的人体解剖素描为揭示人体器官提供了全新的视图，就像他的机械素描与机器的关系一样。达芬奇的解剖活动属于科学研究，同时也与艺术领域有着紧密联系，解剖学拉近了科学与艺术的距离。西方教会的传统观念认为解剖学太过古怪，因为人是按照上帝的样子生出来的，因此不能像机器那样被大卸八块，达芬奇的解剖活动至少有一次使自己与教会发生过对立。

20世纪的建筑大师勒柯布西耶（Le Corbusier）在《维特鲁威人》的基础上继续研究如何把人体尺寸运用在建筑物的设计中。勒柯布西耶认为建筑艺术是有规律的，而且可以用数学表达。他发现米开朗琪罗（Michelangelo di Lodovico Buonarroti Simoni）在罗马设计的市政厅以直角三角形控制立面比例，1921年勒柯布西耶在《新精神》杂志上发表了"控制线"，建议以直角三角形和黄金分割比作为控制立面构图的基本规律。20世纪40年代，勒柯布西耶进一步对正方形和黄金分割比进行探讨，制定了一种比例格网（Proportioning Grid），控制建筑设计的尺度。1945年勒柯布西耶将上述研究与人体尺度结合，以1.75m高的男子为依据，推算出175.0、216.4、108.2等基本尺寸并形成系列数据，勒柯布西耶称之为费班纳赛数列（Fibonacci Series）。经过一段时间的推敲，改称"模度"（Modulor），并以183cm身高的男子作为系列数据推算的依据。1948年柯布发表了《模度——广泛应用于建筑和机械的一种与人体尺度和谐的度量标准》（The Modulor – A Harmonious Measure to the Human Scale universally applicable to Architecture and Mechanics），1955年又发表了《模度-2》（Modulor – 2），将他自己的作品作为实例引证。从20世纪40年代中期开始，勒柯布西耶的作品均以"模度"为设计依据，包括昌迪加尔市政中心规划和造型复杂的朗香教堂，甚至他的绘画作品。勒柯布西耶的"模度"并未得到广泛运用，估计是数据过于复杂，甚至有些繁琐。

随着现代建筑学的不断发展，建筑学的内涵也不断丰富，建筑师必须与时俱进，不断学习，不宜片面追求美观或体型。很有必要经常回顾维特鲁威提出的建筑物必须依据坚固耐久、使用方便和美观三项原则，尽管建筑学的内涵扩大了，每段时期都有不同的重点问题需要解决，但是维特鲁威提出的三项基本原则仍然是建筑学最重要的问题。

---

[83] Vitruvius, translated by Morris Hicky Morgan, PH.D, LL.D. The Ten Books on Architecture [M]. New York: Dover Publications,INC.,1914:72-75.

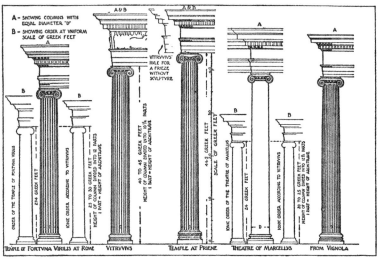

A COMPARISON OF THE IONIC ORDER ACCORDING TO VITRUVIUS WITH ACTUAL EXAMPLES AND WITH VIGNOLA'S ORDER

A : Showing the orders reduced to equal lower diameters.   B : Showing the orders to a uniform scale.

7-1 《建筑十书》摩根英译本的爱奥尼柱式附图，说明维特鲁威的实例与维尼奥拉柱式的比较

7-2 《建筑十书》摩根英译本的庞贝城市广场附图

7-3 《建筑十书》摩根英译本第 6 书的银婚之家住宅附图

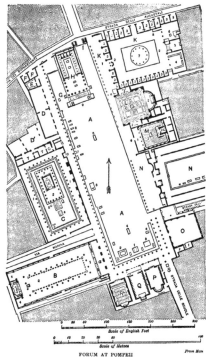

FORUM AT POMPEII

A, Forum. B, Basilica. C, Temple of Apollo. D, D, Market Buildings. E, Latrina. F, City Treasury. G, Memorial Arch. H, Temple of Jupiter. I, Arch of Tiberius. K, Macellum (provision market). L, Sanctuary of the City Lares. M, Temple of Vespasian. N, Building of Eumachia. O, Comitium. P, Office of the Duumvirs. Q, The City Council. R, Office of the Aediles.

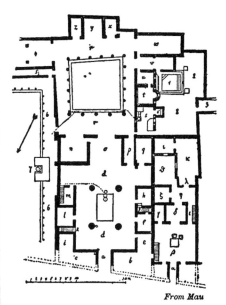

From Mau

HOUSE OF THE SILVER WEDDING AT POMPEII

Illustrating the Tetrastyle Atrium

a. fauces
d. tetrastyle atrium
n. dining room
o. tablinum

p. audron
r. peristyle
w. summer dining room

7-8 维琴察的巴西利卡是"帕
    拉第奥母题"代表作

7-9 达芬奇绘制的素描《维特
    鲁威人》

7-10 勒柯布西耶的"模度"

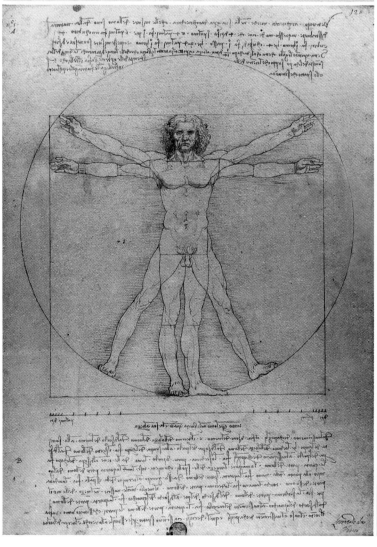

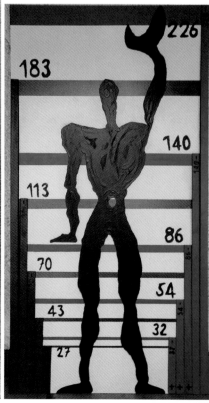

参考文献
Select Bibliography

[1] Salvatore Ciro Nappo. Pompeii [M]. Vercelli: White Star S.r.l.,2004.

[2] Edited by Ray Laurence and David J. Newsome. Rome, Ostia, Pompeii Movement and Space [M].New York: Oxford University Press, 2011.

[3] Andrew Wallace-Hadrill. House and Society in Pompeii and Herculaneum [M]. New Jersey: Princeton University Press,1994.

[4] Edited by Furio Durando. Ancient Italy: Journey in Search of Works of Art and the Principal Archaeological Sites[M]. Vercelli: White Star S.r.l.,2001.

[5] Vittorio Serra. Rome: 20000 years of History and Masterpieces[M]. Florence: Bonechi Edizioni 'Il Turismo' s.r.l., 1999.

[6] Vitruvius, translated by Morris Hicky Morgan, PH.D, LL.D. The Ten Books on Architecture [M]. New York: Dover Publications,INC.,1914.

[7] Giuseppe Iacono and Siciliamo. The Mosaics of the Villa Romana del Casale[M]. Rimini: Edizioni Siciliamo, 2014.

[8] Stefan Grundmann. The Architecture of Rome[M].Stuttgart: Edition Axel Menges,2007.

[9] Anna Maria Liberati and Fabio Bourbon. Ancient Rome: History of a Civilization that ruled the World[M]. Vercelli: White Star S.r.l.,2004.

[10] Nancy H. Ramage and Andrew Ramage. Roman Art: Romulus to Constantine[M]. New Jersey: Prentice Hall, Inc., 1996.

[11] James Henry Breasted. The conquest of civilization[M]. New York : Harper & Brothers Pub., 1926.

[12] John Morris Roberts. History of World[M]. New York: Oxford University Press, 1993.

[13] Chiara Morselli. Guide with Reconstructions of Villa Adriana and Villa d'Este: Past and Present[M].Roma: Vision S.R.L.,1995.

[14] Leonardo B. Dal Maso and Roberto Vighi. Tivoli - Hadrian's Villa Subiaco - Aniene Valley[M]. Florence: Bonechi Edizioni, 1999.

[15] Antonio Irlando and Adriano Spano. Pompeii: The Guide to the Archaeological

Site[M]. Pompeii: Edizioni Spano-Pompei,2011.

[16] Pier Giovanni Guzzo Antonio d' Ambro. Pompeii[M]. Electa Napoli: 《L' Erma》 di Bretschneider,1998.

[17] William L. MacDonald. The Pantheon: design, meaning, and progeny[M]. Cambridge, Mass.: Harvard University Press, 2002.

[18] Liberati, Annamaria. Ancient Rome : history of a civilization that ruled the world[M] Vercelli, Italy : White Star, c2004.

[19] Le Corbusier. The Modulor: A Harmonious Measure to the Human Scale Universally applicable to Architecture and Mechanics[M]. London: Faber and Faber Limited, 1951.

[20] Le Corbusier. Modulor 2 [M]. London : Faber and Faber Limited, 1955.

[21] William L. MacDonald. The Pantheon: design, meaning, and progeny[M]. Cambridge: Harvard University Press,2002.

[22] Enrica Crispino, Editor. Leonardo art and science[M]. Florence: Giunti Gruppo Editoriale,2000.

图片来源
Sources of Illustrations

□ **高为摄影的图片**
- 1.3-10、1.4-2、1.4-13、1.4-14
- 2-36、2-40、2-58、2-65
- 3-4、3-9、3-13、3-20、3-22、3-24、3-29、3-32、3-52
- 4.1-11、4.1-20、4.1-23、4.1-26、4.1-37、4.2-20、4.2-31、4.3-16、4.3-17、4.3-20、4.3-22、4.3-23、4.3-27、4.3-28、4.3-29、4.3-30、4.3-36、4.3-37、4.3-38、4.3-45、4.3-46
- 5.3-7、5.4-7
- 6-4、6-7、6-8、6-9、6-10、6-11、6-13、6-19、6-20、6-21、6-25、6-29、6-31、6-40、6-44

□ **周锐摄影的图片**
- 1.1-9、1.3-7、1.4-8、1.4-10、1.4-11、1.4-15、1.6-4 、1.6-6、1.6-7、1.6-8、1.6-9、1.6-11、1.6-12、1.8-5、1.8-6
- 2-9、2-10、2-11、2-19、2-29、2-37、2-47、2-52、2-69、2-70
- 3-7、3-10、3-39、3-40、3-53
- 4.1- 12、4.1-16、4.1-19、4.2-44、4.2-47、4.2-48、4.3-15、4.3-15、4.3-24、4.3-40、4.3-41、4.3-42、4.3-43、4.3-44
- 5.3-17、5.3-18
- 6-5、6-15、6-18、6-38

□ **曲敬铭摄影的图片**
- 1.1-1、1.1-2、1.5-18、1.5-19、1.6-1、1.7-8、1.7-9、1.7-13、2-14、2-15
- 2-66
- 3-14、3-18、3-21、3-31、3-48、3-51
- 4.1-18、4.2-6、4.2-8、4.2-10、4.2-13、4.2-32、4.2-33、4.2-37、4.3-7、4.3-10、4.3-18、4.3-19、4.3-26、4.3-35
- 5.3-13、5.4-18、5.5-4、5.5-5
- 6-14、6-24、6-26、6-30、6-36、6-39

□ **罗志刚摄影的图片**
- 1.2-6、1.2-8、1.3-1、1.5-7、1.5-8、1.5-11、1.5-12、1.5-13、1.5-14、1.7-14、1.7-16
- 2-6、2-7、2-8、2-12、2-43、2-55、2-56
- 3-17、3-23、3-26、3-30、3-42
- 4.1-3、4.1-15、4.1-21、4.2-15、4.2-19、4.2-27、4.2-43、4.2-46、4.2-49、4.3-6、4.3-39
- 6-3、6-27、6-28、6-35、6-41、6-42、6-43

□ **孙煊摄影的图片**
- 5.2-5、5.2-8、5.3-19、5.4-6、5.4-9、5.5-21、5.5-28、5.5-35

□ **徐华宇摄影的图片**
- 1.7-11、1.7-12
- 6-2、6-6、6-12、6-17、6-33、6-37

□ **白丽霞摄影的图片:**
◆ 2-3

□ **选自相关单位的图片:**
◆ 选自 James Henry Breasted. The conquest of civilization[M]. New York : Harper & Brothers Pub., 1926. 的图片 : 1.1-8
◆ 选自 Wikipedia, the free encyclopedia 的图片 : 1.1-3, 1.2-1, 1.2-15, 1.2-16, 1.4-16, 1.4-17, 1.6-3, 3-1

◆ 选自 Vitruvius, translated by Morris Hicky Morgan, PH.D, LL.D. The Ten Books on Architecture [M]. New York: Dover Publications,INC.,1914. : 6-1, 6-2, 6-3
◆ 选自 Enrica Crispino, Editor. Leonardo art and science[M]. Florence: Giunti Gruppo Editoriale,2000 : 6-9

□ **本书第1章至第5章的总平面、建筑平、剖面由徐佳臻重新绘制**
□ **本书未注明来源的图片均为本书作者拍摄**